四部要籍選刊・經部　蔣鵬翔　主編

# 阮刻孝经注疏

〔清〕阮元　校刻

浙江大學出版社

傳古樓據上海圖書館藏
清嘉慶刻本影印原書框
高一七一毫米寬一二三
毫米

# 出版説明

《孝經注疏》九卷，唐李隆基注，宋邢昺疏，據上海圖書館藏清嘉慶二十年江西南昌府學刻本影印。

《孝經》是十三經中篇幅最短的一種，但所涉問題之複雜並不亞於其他經書。關於《孝經》的作者，歷來聚訟紛紜，胡平生《孝經譯注·前言》就概括出八種説法，分别是孔子説、曾子説、曾子門人説、子思説、孔子門人説、齊魯間儒者説、孟子門人説、漢儒説。其中孔子説與曾子説都成於漢代，相對可靠（孔子説出於《漢書·藝文志》，其《六藝略·孝經類》云：『《孝經》者，孔子爲曾子陳孝道也。』曾子説出於《史記·仲尼弟子列傳》：『曾參……孔子以爲能通孝道，故授之業。作《孝經》。』），其他説法都成於宋代以後，儘管各有邏輯，但畢竟於古無徵。

這個問題到今天也没有定論，比如子思説，出自宋王應麟《困學紀聞》卷七：『馮氏曰：……是書（《孝經》）當成於子思之手。』汪受寬據此加以考辨，認爲：『子思完全有可能追述其祖孔子的思想，依據其師曾參的傳授，再加上自己的發揮，撰作《孝經》。可見，無論從時間上、傳授上，還是從思想上，子思都可能是《孝經》的作者。』胡平生卻直截了當地指出：『前五種説法，……除了「子思説」理由太片面，其他意見多從《孝經》的内容推測得來，都可備一説。』實際上參考余嘉錫《古書通例》『古書不皆手著』一節，便不難理解《孝經》亦所謂『輯其言行，不必盡其身所論述者』，其作者究竟是何人，並無指實之必要，只要知道該書記載的是孔子向曾參陳述孝道的言論即可。

《孝經》的作者雖不可考，成書時間卻有跡可循。蔡邕《明堂論》、賈思勰《齊民要術》都引用過魏文侯《孝經傳》，魏文侯是戰國初魏國君主，曾向孔子的弟子子夏學習經藝，他爲《孝經》作傳，説明戰國初年已有《孝經》一書。（《漢書·藝文志·六藝略》『孝經類』著録『雜傳四篇』而不題作者，王應麟《漢藝文志考證》以爲：『蔡邕《明堂論》引魏文侯《孝經傳》，蓋雜傳之一也。』）但魏氏《孝經傳》已佚，《玉函山房輯佚書》輯出該書的四則殘文都『不著經句』，只能根據文意嘗試比附於今本《孝經》的第六章和第九章，所以他爲之作傳的《孝經》是否就是今本《孝經》，仍未可知。相比之下，修成於『秦八年』（關於『秦八年』的解釋，有公元前二三九年、公元前二四一年兩種意見）的《吕氏春秋》則提供了更明確的證據，其《察微篇》云：『《孝經》曰：「高而不危，所以長守貴也。滿而不溢，所以長守富也。富貴不離其身，然後能保其社稷，而和其民人。」』這段話又見於今本《孝經·諸侯章》；其《孝行覽》云：『故愛其親，不敢惡人；敬其親，不敢慢人。愛敬盡於事親，光耀加於百姓，究於四海，此天子之孝也。』這段話與今本《孝經·天子章》的表述也很相似。所以今本《孝經》的成書時間至少不晚於公元前二三九年。

《漢書·藝文志》云：『夫孝，天之經，地之義，民之行也。舉大者言，故曰《孝經》。』意謂《孝經》之孝，包含天經、地義、民行三類道理，其中天經是主體，故取『經』字合爲書名。這是關於《孝經》書名最早的解釋，但顯然失之牽强，姚際恒《古今僞書考》對之提出尖鋭的批評：『安有取天之經之經字，配孝字以名書，而遺去地之義諸句之字者乎？書名取章首之字或有之，况此又爲第七章中語邪？』現在看來，《孝經》書名的『經』字本義，應如漢儒所訓，作『常』解，即常道、常法，因此《孝經》就是常行不變的關於孝的道理或行孝的方法。當然，在被納入《漢志·六藝略》後，《孝經》已獲得與其他儒家經書相仿佛的神聖地位，其『經』字也同樣轉變爲經典之意，不僅僅是常道了。

《孝經》的經文有今古文之分。今文本凡十八章，『焚書之後，河間人顔芝受而藏之。漢氏受命，尊尚聖道，芝子貞乃出之民間。建元初，河間王得而獻之』。古文本凡二十二章，是漢武帝末年魯恭王壞孔子宅時在壁中發現的，事見《漢書・藝文志》，而許沖《上説文解字書》云：『臣父慎又學《孝經》孔氏古文説。《古文孝經》者，孝昭帝時魯國三老所獻，建武時給事中議郎衛宏所校。』所以段玉裁《説文解字注》彌縫兩説，以爲武帝時『安國所得雖多，而所獻者獨《尚書》一種而已。淹中所出之《禮》古經、魯國三老所獻之古文《孝經》，皆即恭王壁中所得，而安國未獻者也。《孝經》至昭帝時，魯國三老乃獻之』。今文本有長孫氏、博士江翁、少府后倉、諫大夫翼奉、安昌侯張禹傳其學，古文本則有孔安國爲之作傳。《孝經》今文學學者雖然各自名家，但『經文皆同，唯孔氏壁中古文爲異』。至成帝時，劉向奉詔校理經籍，『以顔本比古文，除其繁惑，以十八章爲定。鄭衆、馬融並爲之注』。也就是説，劉向以舊傳今文本爲主體，參校古文本，寫定《孝經》，仍從今文本作十八章，這個本子可稱作新今文本，即後世所謂『今文《孝經》』的祖本。關於《孝經》的今古文問題，有兩個疑點需要澄清：一、《漢志・六藝略》『孝經類』小序説：『「父母生之，續莫大焉」，「故親生之膝下」，（今文）諸家説不安處，古文字讀皆異。』陳壁生《孝經學史》認爲此『諸家説不安』，是其所本之今文經不安，而古文經的文本優於今文本。但今文經是劉向校定的，『孝經類』小序出自劉向、劉歆父子合撰的《七略》，怎麽會説今文經不如古文經通順呢？於是將之解讀爲『父子異見』。這屬於誤會。根據《漢志》《隋志》所載，《孝經》文本在漢代可分爲三種，一是舊傳今文本，有長孫、江翁等人傳其學，一是孔壁古文本，有孔安國作傳，一是新今文本，係劉向合校今古文而成，有鄭衆、馬融之注。《漢志》『孝經類』小序梳理的是漢代《孝經》學簡史，先説研究舊傳今文本的長孫、江翁等人『各自名家，經文皆同』，緊接著説『諸家説不安處』，『諸家』所指顯然是長孫、江翁等人，而非注解新今文本的鄭衆、馬融，這裡暗指不及古文本之安的，是舊傳今文本，而非劉向手定的新今文本。古文本有部分文字優於舊傳今文本，是很正常的現象，否則劉向也不用參校古文本來『除其繁惑』，但不能理解爲新今文本仍然遜於古文本，進而引申出『父子異見』的觀點來。

二、今文本與古文本最大的區别是古文本多出《閨門》一章（古文本將今文本的《庶人章》析爲兩章，《聖治章》析爲三章，具體文字上並無多少出入，再加上《閨門》章，就從十八章的今文本變成了二十二章的古文本）。《隋志》云：『遭秦焚書，爲河間人顔芝所藏。漢初，芝子貞出之，凡十八章，而長孫氏、博士江翁、少府后蒼、諫議大夫翼奉、安昌侯張禹皆名其學。又有《古文孝經》，與《古文尚書》同出，而長孫有《閨門》一章，其餘經文，大較相似。』長孫氏所傳是顔芝收藏的舊本今文經，爲何會像古文經一樣多出《閨門》一章，這個問題自明代以來連篇累牘争論不休，至陳鴻森撰《漢長孫氏〈孝經〉有〈閨門〉章説辨惑》才指出『長孫有《閨門》一章』的『孫』字當係衍文，並無一個獨存《閨門》章的長孫氏今文本。

兩漢以下，注《孝經》者代不乏人，《隋志·經部》『孝經類』通計亡書即有五十九部，其中影響最大的是鄭氏、孔傳兩家。《隋志》云：『鄭氏注，相傳或云鄭玄，其立義與玄所注餘書不同，故疑之。』最早質疑鄭氏注非鄭玄所作的，是南齊陸澄。唐劉知幾立十二驗以證非鄭玄所注，晚清皮錫瑞、曹元弼又堅稱是鄭玄所注（今陳壁生《孝經學史》仍持此説），作者歸屬訖無定論。孔傳真僞的問題争論更爲激烈。《漢志》著録『《孝經古孔氏》一篇二十二章』，《隋志》著録『《古文孝經》一卷 孔安國傳』，下注『梁末亡逸，今疑非古本』。其小序曰：『梁代，安國及鄭氏二家，並立國學，而安國之本，亡於梁亂。陳及周、齊，唯傳鄭氏。至隋，祕書監王劭於京師訪得《孔傳》，送至河間劉炫。炫因序其得喪，述其議疏，講于人間，漸聞朝廷，後遂著令，與鄭氏並立。儒者諠諠，皆云炫自作之，非孔舊本，而祕府又先無其書。』今本《孔傳》固然不是出於孔安國之手，但日人林秀一的《孝經述議復原研究》也破除了劉炫自作《孔傳》的嫌疑，只能説它是『由王劭提出，隋文帝時期被一部分社會所接受、流行』的補入《管子》相關内容的第二代文本（《孝經述議復原研究》及其所附喬秀岩、葉純芳《編後記》對此問題已作詳細探討，兹不贅述）。

唐開元七年（七一九），玄宗詔曰：『《孝經》者，德教所先，自頃已來，獨宗鄭氏，孔氏遺旨，今則無聞。……令儒官詳定所長，令明經者習讀。』於是主張廢鄭注的劉知幾與主張廢孔傳的司馬貞發生激烈的争論。最終結果是鄭注依舊行用，孔傳也宜存繼絶，二者『並列書府，以廣儒術之心』。鄭、孔論争的本質是玄宗『利用思想活躍的學者（劉知幾），讓他們批評保守、墨守的學者（司馬貞），並且創造新文化，用來取代傳統文化』（喬秀岩語）。其實即使糅合《管子》以服務於統治階級如孔傳者，在玄宗看來，也只是用來挑起矛盾且不太滿意的工具而已，所以開元十年（七二二），玄宗親自注解《孝經》，頒於天下及國子學。至天寶二年（七四三），他又重注《孝經》，亦頒於天下。在政治力量的庇佑下，御注《孝經》取代並淘汰了鄭注、孔傳，這兩部重要的《孝經》注本也因此便在唐後相繼亡佚。（今日我們能看到幾乎全本的鄭注、孔傳，主要是得益於日藏漢籍的回傳，鄭注以岡田挺之據《群書治要》輯本爲代表，孔傳以太宰純刻《古文孝經孔傳》爲代表。清代的四庫館臣及阮元等學者多認爲這些日本回傳的古注是僞書，但敦煌新發現的唐鈔卷子和日本長期流傳的多種古鈔本都有力地證明了這些古注的真實性。）

玄宗御注以《孝經》的今文十八章本爲基礎，其開元初注中土早佚，今有《古逸叢書》所收《覆卷子本開元御注孝經》（據日本寬政十二年影刻舊抄卷子本覆刻）可參考。元行沖爲初注本作序作疏（《舊唐書·經籍志》著録玄宗注《孝經》一卷、元行沖撰《孝經疏》三卷）。天寶二年（七四三）重注本，改由玄宗親自作序，天寶五載（七四六）詔曰：『《孝經》舊疏，雖粗發明幽晦，探賾無遺，猶未能備。今敷暢以廣闕文。』重修元疏的作者史無明文，但新舊兩疏之間的差異應當很小。

天寶四載（七四五），玄宗親以八分書寫《孝經》，刻石立於太學，内容包括御製序文、玄宗改定的經文和天寶新注。後世刊印《孝經》經注，皆依據天寶重注本。需要注意的是：玄宗不僅注經，更有主動改經之舉。其改經並非像過去儒生校經那樣强調文獻佐證，而是要通過修改經文來達到變更《孝經》性質、重塑書中義理的目的（具體可參見陳壁生《明皇改經與〈孝經〉學的轉折》一文）。御注取代古之鄭注、孔傳，不是學術上的後出轉精，而是緣於政治力量的强制推廣。『御注竟隨己意，從《孝經》中消除了一切包含學術或思想價值的内容。』『御注只要求人民順從，子弟順從，其中没有任何真知灼見。』『孔傳預設的讀者是統治階級，鄭注預設的讀者是讀書人，御注預設的讀者是被統治者。』喬秀岩的這番話雖然語氣激烈，卻道出了御注《孝經》的實情。

『至道二年，判監李至請命李沆、杜鎬等校定《周禮》《儀禮》《穀梁傳》疏及別纂《孝經》《論語正義》，從之。咸平三年三月癸巳，命祭酒邢昺代領其事，杜鎬、舒雅、李維、孫奭、李慕清、王焕、崔偓佺、劉士元預其事。……《孝經》取元行沖疏，……約而修之。』『《孝經正義》三卷，邢昺撰。初，世傳元行沖疏外，餘家尚多，皆淺近不足取。咸平中，昺等奉詔據元氏本而增損焉。』（《玉海·藝文》）今傳《孝經注疏》中的疏是宋邢昺領銜據唐元行沖疏修成的，邢昺《孝經正義序》自稱：『翦截元疏，旁引諸書，分義錯經，會合歸趣，一依講説，次第解釋。』關於邢昺參考的元疏，王重民以爲：『恐宋時行沖原本已不傳，昺等所據，當是天寶五載再修本。』但通過比勘注疏之離合，可知其所據實爲開元舊疏，而非天寶重修之疏（參見陳一風《〈孝經注疏〉研究》）。至宋代《孝經》舊注已散佚殆盡，邢疏中所載『舊注』『舊説』，大多源自元疏，邢昺自己能做的補苴工作是非常有限的，『旁引諸書』云云也不可輕信，故沈廷芳《十三經注疏正字》稱：『今行沖疏已不傳，而世所傳注疏本，篇首題「宋邢昺奉敕校定注疏」，則似即仍元疏之舊，而未嘗有所損益者，但元疏已逸，無從驗也。』阮福《孝經義疏補》稱：『邢昺但校定翦截元行沖疏而雜以己意，名曰講義，並非攘元疏爲己疏。……邢實爲校定，並未爲疏。』總而言之，今本《孝經注疏》之經文係唐玄宗改定者，注文係天寶二年（七四三）玄宗重注者，疏文係邢昺據唐元行沖爲開元玄宗初注所作疏翦截而成者，雖因源流複雜而彼此多見牴牾，但自宋以來，獨傳此本，所以『學者舍是固無由窺《孝經》之門徑也』（阮元《孝經注疏校勘記序》語）。

在《孝經注疏》傳世刻本中，中國國家圖書館所藏元泰定三年刻本刊行時間最早。此本半葉十行，行十七字，注文小字雙行二十三字，白口，單魚尾，左右雙邊，框左有書耳，版心上記字數，下記刻工名。間避『慎』『敦』等宋諱，字體與元代同期從南宋中期建刻翻雕的《附釋音毛詩注疏》《附釋音春秋左傳注疏》完全相同，故知該本當翻刻自宋建刻十行本（封面題簽書『南宋閩刊十行本孝經』，係前人誤判）。其卷端《孝經注疏序》刻『翰林侍講學士朝請大夫守國子祭酒上柱國賜紫金魚袋臣邢昺等奉勑校定注疏／成都府學主鄉貢傅注奉右撰』，説明最初可能是取蜀刻經注本與單疏本合刊而成，蜀刻本的底本則很可能是唐玄宗御書的《石臺孝經》。

據郭立暄《元刻〈孝經注疏〉及其翻刻本》一文考證，元泰定本後世有四種翻刻本，首先是明初刻本（不早於永樂朝，不晚於正德朝），行款悉同元本，文字多形近之誤而無臆改之失。又有明正德六年刻本，行款不變而字體爲正德、嘉靖間福建地區刻書習見體式，版心所記刻工名亦皆出自閩中，此本多有元本不誤、明初刻本形近而誤又被此本沿襲的例子，如元本卷一『揚名之主』的『主』字，明初刻本、明正德刻本同誤作『上』；同卷『爲堯司徒有功』的『司』字，明初刻本、明正德刻本同誤作『同』，又有元本、明初刻本不誤而此本形近致誤的例子，如元本、明初刻本卷一『謂有天下者，愛敬天下之人』，此本『下』均誤作『不』，可見其翻刻之底本係明初刻本，而非元泰定本，並且新增部分錯誤。清嘉慶二十年（一八一五）南昌府學據明正德本翻刻，作爲阮刻《十三經注疏》之一。阮本改正了明本的若干錯誤，且所改多與元本暗合，所附《校勘記》據唐宋元之經注並明正德以下諸種注疏匯集異文，更有助校勘（詳細情況參見張學謙《〈孝經注疏校勘記〉編纂考述》）。清嘉慶二十一年（一八一六）汪士鐘藝芸書舍據明正德本翻刻，便參考阮刻及其《校勘記》改正了底本的部分誤字，前人或誤以爲仿元泰定本，甚至以爲覆宋本，都屬耳食之誤。

《孝經》篇幅雖小，但其經文之今古，注文之孔鄭，御注之再修，元疏之流變，版刻之遞嬗，無一不是積疑甚久的公案。要祛疑解惑，必須從精讀注疏入手，希望此次影印的阮刻本能夠爲《孝經》學的深入探索提供一些幫助。

二〇二一年四月十日 蔣鵬翔撰於湖南大學嶽麓書院

# 目録


欽定四庫全書總目孝經正義三卷……一
孝經注疏序……七
孝經正義……一一
孝經序……一九
孝經注疏校勘記序……三三
引據各本目録……三四

**卷第一**

開宗明義章第一……三七
天子章第二……四四
孝經注疏序校勘記……五一
卷一校勘記……七五

**卷第二**

諸侯章第三……八一
卿大夫章第四……八四
士章第五……八九
卷二校勘記……九三

**卷第三**

庶人章第六……九九
三才章第七……一〇三
卷三校勘記……一一一

**卷第四**

孝治章第八……一二一

卷四校勘記……一二九
**卷第五**
聖治章第九……一三三
卷五校勘記……一四九
**卷第六**
紀孝行章第十……一五七
五刑章第十一……一六〇
廣要道章第十二……一六三
卷六校勘記……一六九
**卷第七**
廣至德章第十三……一七五
廣揚名章第十四……一七七
諫諍章第十五……一七九
卷七校勘記……一八五
**卷第八**
感應章第十六……一八九
事君章第十七……一九四
卷八校勘記……一九九
**卷第九**
喪親章第十八……二〇五
卷九校勘記……二一五

# 重栞宋本孝經注疏附校勘記

嘉慶二十年江西南昌府學開雕

太子少保江西巡撫兼提督揚州阮元審定 武寧縣貢生盧宣旬校

# 欽定四庫全書總目孝經正義三卷

唐元宗明皇帝御注宋邢昺疏案唐會要開元十年六月上注孝經頒天下及國子學天寶二年五月上重注亦頒天下舊唐書經籍志孝經一卷元宗注唐書藝文志今上孝經制旨一卷注曰元宗其稱制旨者猶梁武帝中庸義之稱制旨實一書也趙明誠金石錄載明皇注孝經四卷陳振孫書錄解題亦稱家有此刻爲四大軸蓋天寶四載九月以御注刻石於太學謂之石臺孝經今尚在西安

府學中爲碑凡四故拓本稱四卷耳元宗御
製序末稱一章之中凡有數句一句之内義
有兼明具載則文繁略之則義闕今存於疏
用廣發揮唐書元行沖傳稱元宗自注孝經
詔行沖爲疏立於學官唐會要又載天寶五
載詔孝經書疏雖麤發明未能該備今更敷
暢以廣闕文令集賢院寫頒中外是注凡再
修疏亦再修其疏唐志作二卷宋志則作三
卷殆續增一卷歟宋咸平中邢昺所修之疏
卽據行沖書爲藍本然孰爲舊文孰爲新説

今已不可辨別矣孝經有今文古文二本今
文稱鄭元注其說傳自荀昶而鄭志不載其
名古文稱孔安國注其書出自劉炫而隋書
已言其僞至唐開元七年三月詔令羣儒質
定右庶子劉知幾主古文立十二驗以駁鄭
國子祭酒司馬貞主今文摘閨門章文句凡
鄙庶人章割裂舊文妄加子曰字及注中脫
衣就功諸語以駁孔其文具載唐會要中厥
後今文行而古文廢元熊禾作董鼎孝經大
義序遂謂貞去閨門一章卒啟元宗無禮無

度之禍明孫本作孝經辨疑併謂唐宫闈不肅貞削閨門一章乃爲國諱夫削閨門一章遂啟幸蜀之衅使當時行用古文果無天寶之亂乎唐宫闈不肅誠有之至於閨門章二十四字則絕與武韋不相涉指爲避諱不知所避何諱也況知幾與貞兩議並上會要載當時之詔乃鄭依舊行用孔注傳習者稀亦存繼絕之典是未因知幾而廢鄭亦未因貞而廢孔迨時閱三年乃有御注太學刻石署名者三十六人貞不預列御注既行孔鄭兩

家遂併廢亦未聞貞更建議廢孔也禾等徒以朱子刊誤偶用古文遂以不用古文為大罪又不能知唐時典故徒聞中興書目有議者排毀古文遂廢之語遂沿其誤說憒憒然歸罪於貞不知以注而論則孔佚鄭亦佚孔佚罪貞鄭佚又罪誰乎以經而論則鄭存孔亦存古文並未因貞一議亡也貞又何罪焉今詳考源流明今文之立自元宗此注始元宗此注之立自宋詔邢昺等修此疏始衆說喧呶皆揣摩影響之談置之不論不議可矣

# 孝經注疏序

孝經者百行之宗五教之要自昔孔子述作垂範將來奥旨微言已備解乎注疏尚以辭高旨遠後學難盡討論今特翦截元疏旁引諸書分義錯經會合歸趣一依講說次第解釋號之爲講義也

翰林侍講學士朝請大夫守國子祭酒上柱國賜紫金魚袋臣邢昺等奉勑校定注疏

成都府學主鄉貢傅注奉右撰

夫孝經者孔子之所述作也述作之旨者
昔聖人藴大聖德生不偶時適值周室衰
微王綱失墜君臣僭亂禮樂崩頽居上位
者賞罰不行居下位者褒貶無作孔子遂
乃定禮樂删詩書讚易道以明道德仁義
之源修春秋以正君臣父子之法又慮雖
知其法未知其行遂説孝經一十八章以
明君臣父子之行所寄知其法者修其行
知其行者謹其法故孝經緯曰孔子云欲
觀我褒貶諸侯之志在春秋崇人倫之行

在孝經是知孝經雖居六籍之外乃與春
秋爲表矣先儒或云夫子爲曾參所說此
未盡其指歸也蓋曾子在七十弟子中孝
行最著孔子乃假立曾子爲請益問荅之
人以廣明孝道既說之後乃屬與曾子洎
遭暴秦焚書並爲煨燼漢膺天命復闡微
言孝經河間顏芝所藏因始傳之于世自
西漢及魏歷晉宋齊梁注解之者迨及百
家至有唐之初雖備存祕府而簡編多有
殘缺傳行者唯孔安國鄭康成兩家之注

并有梁博士皇侃義疏播於國序然辭多紕繆理昧精研至唐玄宗朝乃詔羣儒學官俾其集議是以劉子玄辨鄭注有十謬七惑司馬堅斥孔注多鄙俚不經其餘諸家注解皆榮華其言妄生穿鑿明皇遂於先儒注中採摭菁英芟去煩亂撮其義理允當者用爲注解至天寶二年注成頒行天下仍自八分

御札勒于石碑即今京兆石臺孝經是也

# 孝經正義

翰林侍講學士朝請大夫守國子祭酒上柱國賜紫

南昌盧氏宣旬校正

金魚袋臣邢　昺　等奉　勑校定

## 御製序并注（疏）

正義曰孝經者孔子爲曾參陳孝道也漢初長孫氏博士江翁少府后倉諫大夫翼奉安昌侯張禹傳之各自名家經文皆同唯孔氏壁中古文爲異至劉炫遂以古孝經庶人章分爲二曾子敢問章分爲三又多閨門一章凡二十二章桓譚新論云古孝經千八百七十二字今異者四百餘字孝者事親之名經者常行之典按漢書藝文志云夫孝天之經地之義民之行也舉大者言故曰孝經又按禮記祭統云孝者畜也畜養也釋名云孝好也周書謚法至順曰孝揔而言之道常在心盡其色養中情悅好承順無怠之義也爾雅曰善父母爲孝皇侃曰經者常也法也此經爲教任重道遠雖復時移代革金石可消而爲孝事親常行存世不滅是其常也爲百代規模人生所資是其法也言孝之爲教使可常而法之易有上經下經老子有道經德經孝爲百行之本故名曰孝經經之創制

孔子所撰也前賢以爲曾參雖有至孝之性未達孝德之本偶於閒居因得侍坐參起問於夫子夫子隨而荅參是以集録因名爲孝經尋繹再三將未爲得也何者夫子刊緝前史而修春秋猶云筆則筆削則削四科十哲莫敢措辭按鉤命決云孔子曰吾志在春秋行在孝經斯則修春秋撰孝經孔子之志行也何爲重其志而自筆削輕其行而假他人者乎按劉炫述義其略曰炫謂孔子自作孝經本非曾參請業而對也士有百行以孝爲本本立而後道行道行而後業就故曰明王之以孝治天下也然則治世之要孰能非乎徒以教化之道因時立稱經典之目隨事表名至使威儀禮節之餘盛傳當代孝悌德行之本隱而不彰夫子運偶陵遲禮樂崩壞名教將絶特感聖心因弟子有請問之道師儒有教誨之義故假曾子之言以爲對揚之體乃非曾子實有問也若疑而始問荅以申辭則曾子應每章一問仲尼應每問一荅按經夫子先自言之非參請也諸章以次演之非待也且辭義血脉文連旨環而開宗題其端緒餘音廣而成之非一問一荅之勢也理有所極方始發問又非請業請荅之事首章言先王有至德要道則下章云此之謂要道也非至德其孰能順民皆遥結道本荅曾子也舉此爲例凡有數科必其主爲曾子言首章荅曾子已了何由不待曾子問更自述而脩之

且三。起曾參侍坐與之別。二者是問也一者歎之也故假言乘問曾子坐也與之論孝開宗明義上陳天子下陳庶人語盡無更端於曾子未有請故假參歎孝之大又說以孝爲理之功說之以終欲言其聖道莫大於孝又假參問乃說聖人之德不加於孝在前論敬順之道未有規諫之事慇懃在悅色不可頓說犯顏故須更借曾子言陳諫諍之義此皆孔子須參問非參須問孔子也莊周之斥鷃笑鵬罔兩問影屈原之漁父鼓枻大卜拂龜馬卿之烏有無是楊雄之翰林子墨寧非師祖製作以爲楷模者乎若依鄭注實居講堂則廣延生徒侍坐非一夫子豈凌人侮衆獨與參言邪且云汝知之乎何必直汝曾子而參先避席乎必其偏告諸生又有對者當參不讓儕輩而獨荅乎假使獨與參言言畢參自集錄豈宜稱師字者乎由斯言之經教發極夫子所撰也而漢書藝文志云孝經者孔子爲曾子陳孝道也謂其爲曾子特說此經然則聖人之有述作豈爲一人而已斯皆誤本其文致茲乖謬也所以先儒注解多所未行唯鄭玄之六藝論曰孔子以六藝題目不同指意殊別恐道離散後世莫知根源故作孝經以總會之其言雖則不然其意頗近之矣然入室之徒不。獨假曾子爲言以參偏得孝名也老子曰六親不和有孝慈然則孝慈之名因不和而有若萬行俱備稱爲人聖則凡聖無不孝也而家有三惡舜稱大孝龍逢比干忠名獨彰君不明也孝以伯奇之名偏著母不慈也曾子性雖至孝蓋有由而發矣藜蒸不熟而出其妻家法嚴也耘瓜傷苗幾殞其命明父少恩也曾子孝名之大其或由茲固非參性遲朴躬行匹夫之孝也審攷經言詳稽炫釋貴藏理於古而獨得之於今者與元氏雖同炫說恐未盡善今以藝文志及鄭氏所說爲得其作經年先儒以爲魯哀公十四年西狩獲麟而作春秋至十六年夏四月己丑孔子卒爲證則作在魯哀公十四年後十六年前案鉤命決云孔子曰吾志在春秋行在孝經據先後言之明孝經之文同春秋作也又鉤命決云孔子曰春秋屬商孝經屬參則孝經之作在春秋後也○御者按大戴禮盛德篇云德法者御民之本也古之御政以治天下者冢宰之官以成道司徒之官以成德宗伯之官以成仁司馬之官以成聖司寇之官以成義司空之官以成禮故六官以爲轡司會均入以爲軸故曰御四馬者執六轡御天地與人與事者亦有六政是故善御者正身同轡均馬力齊馬心唯其所引而之以取長道遠行可以之急疾可以御天地與人事此四者聖人之所乘也是故天子御者內史太史左右手也六官亦六轡也天子三公合以執六官均五政齊五法以御四者故亦爲其所引而之以之道則國治以之德則國

安以之仁則國和以之聖則國平以之義則國成以之禮則國定此御政之體也然則御者治天下之名若柔轡之御剛馬也家語亦有此文是以秦漢以來以御爲至尊之稱又蔡邕獨斷曰御者進也凡衣服加於身飲食入於口妃妾接於寢皆曰御至於器物製作亦皆以御言之故此云御也製取者裁翦述作之謂也故左傳曰子有美錦不使人學製焉故此美名故人之文章述作皆謂之。製以此序唐玄宗所撰故云御製也玄宗唐弟六帝也諱隆基睿宗之子以延和元年即位時年三十三在位四十五年年七十八登遐謚曰明孝皇帝廟號玄宗開元十年製經序并注序者按詩頌云繼序思不忘毛傳云序緒也又釋詁云敘緒也是序與敘音義同郭璞云又爲端緒然則此言序者舉一經之端緒耳○并注者并兼也注著也解釋經指使義理著明也言非但製序兼亦作注故云并也案今俗所行。孝經題曰鄭氏注近古皆謂康成而晉魏之朝無有此說晉穆帝永和十一年及孝武太元元年再聚羣臣共論經義有荀和者撰集孝經諸說始以鄭氏爲宗晉末。以來多有異論陸澄以爲非玄所注請不藏於祕省王儉不依其請遂得見傳至魏齊則立學官著作。律令蓋由虜俗無識故致斯訛外然則經非鄭玄所注其驗有十二焉據鄭自序云遭黨錮之事逃難。至黨錮事解注古文

尚書毛詩論語爲衺譚所逼來至元誠乃注周易都無注孝
經之文其驗一也鄭君卒後其弟子追論師所注述及應對
時人謂之鄭志其言鄭所注者唯有毛詩三禮尚書周易都
不言注孝經其驗二也又鄭志目錄記鄭之所注五經之外
有中候大傳七政論乾象麻六藝論毛詩譜荅臨碩難禮許
愼異議釋廢疾發墨守箴膏肓荅甄守然等書寸紙片言莫
不悉載若有孝經之注無容匿而不言其驗三也鄭之弟子
分授門徒各述所言更爲問荅編錄其語謂之鄭記唯載詩
易論語其言不及孝經其驗四也趙商作鄭玄碑銘具載諸
所注箋驗論亦不言注孝經晉中經薄周易尚書中候尚書
大傳毛詩周禮儀禮禮記論語凡九書皆云鄭氏注名玄至
於孝經則稱鄭氏解無名玄二字其驗五也春秋緯演孔圖
注云康成注三禮詩易尚書論語其春秋孝經則有評論宋
均詩譜序云我先師北海鄭司農則均是玄之傳業弟子師
有注述無容不知而云春秋孝經唯有評論非玄所注時明
其驗六也又宋均孝經緯注引鄭六藝論敘孝經云玄又爲
之注司農論如是而均無聞焉有義無辭令予昏惑舉鄭之
語而云無聞其驗七也宋均春秋緯注云爲春秋孝經略說
則非注之謂所言又爲之注者汎辭耳非事實其敘春秋亦
云玄又爲之注寧可復責以實注春秋乎其驗八也後漢史

書存於代者有謝承薛瑩司馬彪袁山松等其所注皆無孝經唯范氏書有孝經其驗九也王肅孝經傳首有司馬宣王奉詔令諸儒注述孝經以肅說爲長若先有鄭注亦應言及而不言鄭其驗十也王肅注書好發鄭短凡有小失皆在聖證若孝經此注亦出鄭氏被肅攻擊最應煩多而肅無言其驗十一也魏晉朝賢辯論時事鄭氏諸注無不撮引未有一言孝經注者其驗十二也以此證驗易爲討覈而代之學者不覺其非乘後謬說競相推舉諸解不立學官此注獨行於世觀言語鄙陋義理乖謬固不可示彼後來傳諸不朽至古文孝經孔傳本出孔氏壁中語甚詳正無俟商搉而曠代亾逸不被流行隨開皇十四年祕書學生王逸於京市陳人處買得一本送與著作王劭以示河間劉炫仍令校定而此書更無兼本難可依憑炫輒以所見率意刊改因著古文孝經稽疑一篇故開元七年勑議之際劉子玄等議以爲孔鄭二家雲泥致隔今綸旨煥發校其短長必謂行孔廢鄭於義爲允國子博士司馬貞議曰今文孝經是漢河間王所得顔芝本至劉向以此參校古文省除繁惑定此一十八章其注相承云是鄭玄所作而鄭志及目録等不載故往賢共疑焉唯荀昶范曄以爲鄭注故昶集解孝經具載此注爲優且其注縱非鄭玄而義旨敷暢將爲得所雖數處小有非穩實亦未

爽經言其古文二十二章無出孔壁先是安國作傳緣遭巫
蠱未之行也昶集注之時尚未見孔傳中朝遂亡其本近儒
欲崇古學妄作傳學假稱孔氏輒穿鑿改更又僞作閨門一
章劉炫詭隨妄稱其善且閨門之義近俗之語必非宣尼正
說案其文云閨門之内具禮矣乎嚴親嚴兄妻子臣妾繇百姓
徒役也是比妻子於徒役文句凡鄙不合經典又分庶人章
從故自天子已下别爲一章仍加子曰二字然故者建下之
辭既是章首不合言故是古人既沒後人妄開此等數章以
應二十二之數非但經久不真抑亦傳文淺僞又注用天之
道分地之利其略曰脱之應功暴其肌體朝暮從事露髮徒
足少而習之其心安焉此語雖旁出諸子而引之爲注何言
之鄙俚乎與鄭氏所云分别五土視其高下高田宜黍稷下
田宜稻麥優劣懸殊曾何等級今議者欲取近儒詭說而廢
鄭注理實未可請准令式孝經鄭注與孔傳依舊俱行詔鄭
注仍舊行用孔傳亦存是時蘇宋文吏拘於流俗不能發明
古義奏議排子玄令諸儒對定司馬貞與學生郗常等十人
盡非子玄卒從諸儒之說至十年
上自注孝經頒于天下卒以十八年章爲定

# 孝經正義終

# 孝經序

**朕聞上古其風朴略**（疏）朕聞上古至德之本歟○正義曰自此以下至於序末凡有五段明義當段自解其指於此不復繁文今此初段序孝之所起及可以教人而爲德本也○朕者我也古者尊卑皆稱之故帝舜命禹曰朕志先定禹曰朕德罔克皋陶曰朕言惠可底行又屈原亦云朕皇考曰伯庸是由古人質故君臣共稱至秦始皇二十六年始定爲天子之稱聞者目之不覩耳之所傳曰聞上古者經典所說不同案禮運鄭玄注云中古未有釜甑則謂神農爲中古若易歷三古則伏羲爲上古文王爲中古孔子爲下古若三王對五帝則五帝亦爲上古故士冠記云大古冠布下云三王共皮弁則大古五帝時也大古亦上古也以其文各有所對故上古中古不同也此云上古者亦謂五帝以上也知者以下云及乎仁義既有以禮運及老子言之仁義之盛在三王之世則此上古自然當五帝以上也云其風朴略者風教也朴質也略疏也言上古之君貴尚道德其於教化則質朴疏略也

**雖因心之孝已萌而資敬之禮猶簡**（疏）正義曰因猶親也資猶取

也言上古之人有自然親愛父母之心如此之孝雖已萌兆而敢其恭敬之禮節猶尚簡少也周禮大司徒教六行云孝友睦姻任恤注云因親於外親是因得爲親也詩大雅皇矣云惟此王季因心則友士章云資於事父以事君而敬同此其所出之文也故引以爲序耳

**及乎仁義既有親譽益著**

（疏）正義曰及乎者語之發端連上逮下之辭也仁者兼愛之名義者裁非之謂仁義既有謂三王時也案曲禮云太上貴德鄭注云大古帝皇之世又禮運云大道之行也鄭注云大道謂五帝時老子德經云失道而後德失德而後仁失仁而後義是道德當三皇五帝時則仁義當三王之時可知也慈愛之心曰親聲美之稱曰譽謂三王之世天下爲家各親其親各子其子親譽之道日益著見故曰親譽益著也

**聖人知孝之可以教人也**

（疏）正義曰聖人謂以孝治天下之明王也孝爲百行之本至道之極故經文云聖人之德又何以加於孝乎

**故因嚴以教敬因親以教愛**

（疏）正義曰引下經文以證義也

**於是以順移忠之道昭矣立身揚名之義彰矣**

疏 正義曰經云君子之事親孝故忠可移於君又曰立身行道揚名於後世言人事兄能悌以之事長則爲順事親能孝移之事君則爲忠然後立身揚名傳於後世也昭彰皆明也

子曰吾志在春秋行在孝經

疏 正義曰此鉤命決文也言褒貶諸侯善惡志在於春秋人倫尊卑之行在於孝經也

是知孝者德之本歟

疏 正義曰論語云孝弟也者其爲仁之本歟今言孝者德之本歟歟者歎美之辭舉其大者而言故但云孝德則行之總名故變仁言德也

經 曰昔者明王之以孝理天下也不敢遺小國之臣而況於公侯伯子男乎

疏 經曰至形於四海○正義曰此第二段序已仰慕先世明王欲以博愛廣敬之道被四海也○經曰至男乎○此孝治章文也故言經曰言小國之臣尚不敢遺棄何況於五等列爵之君乎公侯伯子男五等之爵也白虎通曰公者通也公正無私之意也春秋傳曰王者之後稱公侯者候也候順逆也伯者長也爲一國之長也子者字也常行字愛於人也男者任也常任王事也王制云公侯地方百里伯七十里

子男五十里至於周公時增地益廣加賜諸侯之地公五百里侯四百里伯三百里子二百里男一百里公爲上等侯伯爲中等子男爲下等言小國之臣謂子男之臣也

**朕嘗三復斯言景行先哲**疏正義曰復猶覆也斯此也景明也哲智也言每讀經至此科三復反覆重讀庶幾法則此有明行者先世聖智之明王也論語云南容三復白圭詩云高山仰止景行行止是其類也

**雖無德教加於百姓**疏正義曰上遜辭也

**庶幾廣愛形于四海**疏正義曰此上意思行教也庶幾猶幸望既謙言無德教加於百姓唯幸望以廣敬博愛之道著見於四夷也案經作刑刑法也今此作形則形猶見也義得兩通無繁改字四海即四夷也又經別釋

**嗟乎夫子沒而微言絕異端起而大義乖**疏嗟乎至樞要也○正義曰此第三段歎夫子沒後遭世陵遲典籍散亡傳注踳駁所以撮其樞要而自作注也嗟乎上歎辭也夫子孔子也以嘗爲魯大夫故云夫子案史記云孔子生魯國昌平陬邑魯襄公二十二年生年七十三以魯哀公十六年四月己丑卒葬魯城北泗上而微言絕

者藝文志文李奇曰隱微不顯之言也顏師古曰精微要妙之言耳言夫子沒後妙言咸絕七十子既喪而異端並起大義悉乖

**況泯絕於秦得之者皆煨燼之末**【疏】正義曰泯滅也秦者隴西谷名也在雍州鳥鼠山之東北昔皋陶之子伯翳佐禹治水有功舜命作虞賜姓曰嬴其末孫非子為周孝王養馬於汧渭之閒封為附庸邑于秦谷及非子之曾孫秦仲周宣王又命為大夫仲之孫襄公討西戎救周周室東遷以岐豐之地賜之始列為諸侯春秋時稱秦伯至孝公子惠文君立是為惠王及莊襄王為秦質子於趙見呂不韋姬說而取之生始皇按秦昭王四十八年正月生於邯鄲及生名為政姓趙氏年十三莊襄王死政代立為秦王至二十六年平定天下號曰始皇帝三十四年置酒咸陽宮博士齊人淳于越進曰臣聞殷周之王千餘歲封子弟功臣自為枝輔今陛下有海內而子弟為匹夫卒有田常六卿之臣無輔拂何以輔政哉丞相李斯曰五帝不相復三代不相襲非其相反時變異也今陛下創大業建萬世之功固非愚儒之所知臣請史官非秦記皆燒之非博士官所職天下敢有藏詩書百家語者悉詣守尉雜燒之制曰可三十五年以為諸生誹謗乃自除犯禁者四百六十餘人皆阬之咸陽是經

籍之道滅絕於秦說文云煨盆火也燼火餘也言遭秦焚阬之後典籍滅亡雖僅有存者皆火餘之微末耳若伏勝尚書顏貞孝經之類是也

**濫觴於漢傳之者皆糟粕之餘**【疏】正義曰案家語孔子謂子路曰夫江始於岷山其源可以濫觴及其至江津也不舫舟不避風雨不可以涉王肅曰觴所以盛酒者言其微也又文選郭景純江賦曰惟岷山之導江初發源乎濫觴臣翰注云濫謂汎濫小流貌觴酒醆也謂發源小如一醆漢者巴蜀之間地名也二世元年諸侯叛秦沛人共立劉季以爲沛公二年八月入秦秦相趙高殺二世立二世兄子子嬰冬十月爲漢元年子嬰二年春正月項羽尊楚懷王爲義帝羽自立爲西楚霸王更立沛公爲漢王王巴蜀漢中四十一縣都南鄭五年破項羽斬之六年二月即皇帝位于汜水之陽遂取漢爲天下號若商周然也漢興改秦之政大收篇籍言從始皇焚燒之後至漢氏尊學初除挾書之律有河間人顏貞出其父芝所藏凡一十八章以相傳授言其至少故云濫觴於漢也其後復盛則如江矣釋名云酒滓曰糟浮米曰粕既以濫觴況其少因取糟粕比其微言醇粹既喪但餘此糟粕耳

**故魯史春秋學開五傳**【疏】正義曰故者因上起下之

語夫子約魯史春秋學開五傳者謂名專巳學以相教授分經作傳凡有五家開則分也五傳者案漢書藝文志云左氏傳三十卷左丘明魯大史也公羊傳十一卷公羊子齊人名高受經於子夏穀梁傳十一卷名赤魯人糜信云與秦孝公同時七録云名俶字元始風俗通云子夏門人鄒氏傳十一卷漢書云王吉善鄒氏春秋夾氏傳十一卷有録無書其鄒夾二義鄒氏無師夾氏未有書故不顯于世葢王莽時亡失耳

**國風雅頌分爲四詩**

【疏】正義曰詩有國風小雅大雅周頌魯頌商頌故曰國風雅頌四詩者毛詩韓詩齊詩魯詩也毛詩自夫子授卜商傳至大毛公名亨大毛公授毛萇趙人爲河間獻王博士先有子夏詩傳一卷萇各置其篇端存其作者至後漢大司農鄭玄爲之箋是曰毛詩韓詩者漢文帝時博士燕人韓嬰所傳武帝時與董仲舒論於上前仲舒不能難至晉無人傳習是曰韓詩齊詩者漢景帝時博士清河太傅轅固生所傳號齊詩傳夏侯始昌昌授后蒼蒼輩門人尤盛後漢陳元方亦傳之至西晉亡是曰齊詩魯詩者漢武帝時魯人申公所述以經爲訓詁教之無傳疑者則闕號爲魯詩

**去聖逾遠源流益別**

【疏】正義曰逾越也百川之本曰源水行曰流增多曰益言秦漢而下上

去孔子聖越遠孝經本是一源諸家增益別爲衆流謂其文不同也 近觀孝經舊注踳駁尤甚〔疏〕正義曰孝經今文稱鄭玄注古文稱孔安國注先儒詳之皆非眞實而學者互相宗尚踳乖也駁錯也尤過也今言觀此二注乖錯過甚故言踳駁尤甚也 至於跡相祖述殆且百家〔疏〕正義曰至於者語更端之辭也跡蹤跡也祖始也因而明之曰述言學者蹤跡相尋以在前者爲始後人從而述脩之若仲尼祖述堯舜之爲也殆近也言近且百家目其多也案其人今文則有魏王肅蘇林何晏劉邵吳韋昭謝萬徐整晉袁宏虞槃佑東晉楊泓殷仲文車胤孫氏庾氏荀昶孔光何承天釋慧琳齊王玄載明僧紹及漢之長孫氏江翁翼奉后蒼張禹鄭衆鄭玄所說各擅爲一家也其梁皇侃撰義疏三卷梁武帝作講疏賀瑒嚴植之劉貞簡明山賓咸有說隋有鉅鹿魏眞克者亦爲之訓注其古文出自孔氏壁本是孔安國作傳會巫蠱事其本亡失至隋王邵所得以送劉炫炫敘其得喪述其義疏議之劉綽亦作疏與鄭義俱行又馬融亦作古文孝經傳而世不傳此皆祖述名家者也 業擅專門猶將十室〔疏〕正義曰上言百家者大略皆祖述而

巳其於傳守巳業專門命氏者尚自將近十室室則家也爾雅釋宮云宮謂之室室謂之宮其內謂之家但與上百家變文耳故言十室其十室之名序不指摘不可強言蓋后蒼張禹鄭玄王肅之徒也

希升堂者必自開戶牖（疏）正義曰希望也論語云子曰由也升堂矣未入於室夫子言仲由升我堂矣未入於室耳今祖述孝經之人望升夫子之堂者既不得其門而入必自擅開門戶牖矣言其妄爲穿鑿也

攀逸駕者必騁殊軌轍（疏）正義曰攀引也逸駕謂奔逸之車駕也案莊子顏淵問於仲尼曰夫子步亦步夫子趨亦趨夫子馳亦馳夫子奔逸絕塵而回瞠若乎後耳言夫子之道神速不可及也今祖述孝經之人欲仰慕攀引夫子奔逸之駕者既不得直道而行必馳騁於殊異之軌轍矣言不知道之無從也兩轍之間曰軌車輪所轢曰轍

是以道隱小成言隱浮僞（疏）正義曰道者聖人之大道也隱蔽也小成謂小道而有成德者也言者夫子之至言也浮僞謂浮華詭辯也言此穿鑿馳騁之徒唯行小道華辯致使大道至言皆爲隱蔽其實則不可隱故莊子內篇齊物論云道惡乎隱而有眞僞言惡乎隱而有是非道惡

乎往而不存言惡乎存而不可道隱於小成言隱於榮華此文與彼同唯榮華作僞耳大意不異也 且傳以通經爲義義以必當爲主（疏）正義曰且者語辭傳者注解之別名博釋經意傳示後人則謂之傳注者著也約文敷暢使經義著明則謂之注作得自題不爲義例或曰前漢以前名傳後漢以來名注蓋亦不然何則馬融亦謂之傳知或說非也此言傳注解釋則以通暢經指爲義義之裁斷則以必然當理爲主也 至當歸一精義無二（疏）正義曰至極之當必歸於一精妙之義焉有二三將言諸家不同宜會合之也 安得不翦其繁蕪而撮其樞要也（疏）正義曰安何也諸家之說既互有得失何得不翦截繁多蕪穢而撮取其樞機要道也 韋昭王肅先儒之領袖虞翻劉邵抑又次焉（疏）正義曰自此至有補將來爲第四段序作注之意舉六家異同會五經旨趣敷暢經義望益將來也吳志曰韋曜字弘嗣吳郡雲陽人本名昭避晉文帝諱改名曜事吳至中書僕射侍中領左國史封高陵亭侯魏志曰王肅字子雍王朗之子

仕魏歷散騎黃門侍郎散騎常侍兼太常吳志虞翻字仲翔會稽餘姚人漢末舉茂才曹公辟不就仕吳以儒學聞爲老子命語國語訓注傳於世魏志劉紹字孔才廣平邯鄲人仕魏歷散騎常侍賜爵關內侯著人物志百篇此指言韋王所學在先儒之中如衣之有領袖也虞劉二家亞次之抑語辭也

劉炫明安國之本陸澄譏康成之注（疏）正義曰隋書云劉炫字光伯河間景城人炫左畫方右畫圓口誦目數耳聽五事並舉無所遺失仕後周直門下省竟不得官縣司責其賦役炫自陳於內史乞送吏部吏部尚書韋世康問其所能炫自爲狀曰周禮禮記毛詩尚書公羊左傳孝經論語孔鄭王何服杜等注凡三十家雖義有精麤並堪講授周易儀禮穀梁用功頗少子史文集嘉言美事咸誦於心天文律歷窮覈微妙公私文翰未嘗假手吏部竟不詳試除殿內將軍仕隋歷太學博士罷歸河間賊中餓死謚宣德先生初炫既得王邵所送古文孔安國注本遂著古文稽疑以明之蕭子顯齊書曰陸澄字彥淵吳郡吳人也少學博覽無不知起家仕宋至齊歷國子祭酒光祿大夫初澄以晉荀昶所學爲非鄭玄所注請文。藏秘書王儉違其議

在理或當何必求人（疏）正義曰言

但在注釋之理允當不必譏非其人也求猶責也今故特舉六家之異同會五經之旨趣【疏】正義曰六家即韋昭王肅虞翻劉邵劉炫陸澄也言舉此六家而又會合諸經之旨趣耳約文敷暢義則昭然【疏】正義曰約省也敷布也暢通也言作注之體直約省其文不假繁多能徧布通暢經義使之昭明也然辭也分注錯經理亦條貫【疏】正義曰謂分其注解間錯經文也經注雖然分錯其理亦不相亂而有條有貫也書云若網在綱有條而不紊論語子曰參乎吾道一以貫之是條之理也寫之琬琰庶有補於將來【疏】正義曰案考工記玉人職云琬圭九寸而繅以象德注云琬猶圜也王使之瑞節也諸侯有德王命賜之使者執琬圭以致命焉繅藉也又云琰圭九寸判規以除慝以易行注云凡圭琰上寸半琰圭琰半以上又半為瑑飾諸侯有為不義使者征之執以為瑞節也除慝誅惡逆也易行止繁奇今言以此所注孝經寫之琬圭琰圭之上若簡策之為庶幾有所裨補於將來學者或曰謂刊石也而言寫之琬琰者取其美名耳且夫子談經志取

垂訓（疏）正義曰自此至序末爲第五段言夫子之經言約意深注繁文不能具載仍作疏義以廣其旨也且夫子所談之經其志但取垂訓後代而已雖五孝之用則別而百行之源不殊（疏）正義曰五孝者天子諸侯卿大夫士庶人五等所行之孝也言此五孝之用雖尊卑不同而孝爲百行之源則其致一也是以一章之中凡有數句一句之內意有兼明（疏）正義曰積句以成章章者明也揔義包體所以明情者也句必聯字而言句者局也聯字分疆所以局言者也言夫子所脩之經志在殷勤垂訓所以一章之中凡有數句一句之內意有兼明者也若移忠移順博愛廣敬之類皆是具載則文繁略之又義闕（疏）正義曰言作注之體意在約文敷暢復恐太略則大義或闕今存於疏用廣發揮（疏）正義曰此言必順作疏之義也發謂發越揮謂揮散若其注文未備者則具存於疏用此義疏以廣大發越揮散夫子之經旨也

孝經序終

大清嘉慶二十年重栞
用文選樓藏本校

掌福建道監察御史武寧盧浙栞

長男盧宣旬校定

# 孝經注疏挍勘記序

阮元撰盧宣旬敬錄

孝經有古文有今文有鄭注有孔注孔注今不傳近出於日本國者誕妄不可據要之孔注即存不過如僞書之僞傳決非真也鄭注之僞唐劉知幾辨之甚詳而其書久不存近日本國又撰一本流入中國此僞中之僞尤不可據者孝經注之列於學宮者係唐元宗御注唐以前諸儒之說因藉捃摭以僅存而當時元行沖義疏經宋邢昺刪改亦尚未失其真學者舍是固無繇闚孝經之門徑也惟其譌字實繁元舊有挍本因更屬錢塘監生嚴杰旁披各本並文苑英華唐會要諸書或讎或挍務求其是元復親酌定之爲孝經挍勘記三

# 卷釋文挍勘記一卷阮元記

## 引據各本目録

唐石臺孝經四軸　顧炎武金石文字記云石刻孝經今在西安府儒學前第二行題曰御製序并注及書其下小字曰皇大子臣亨奉勅題額後有天寶四載九月一日銀青光祿大夫國子祭酒上柱國臣李齊古上表及元宗御批大字草書三十八字其下有特進行尚書左僕射兼右相吏部尚書集賢院學士修國史上柱國晉國公臣林甫等四十五人惟林甫以左僕射不書姓經序注俱八分書其額曰大唐開元天寶聖文神武皇帝注孝經臺中間人名下攙入丁酉歲八月廿六日紀九字是後人所添是歲乙酉非丁酉也又末二行官銜不書臣亦可疑

唐石經孝經一卷

宋熙寧石刻孝經一卷　是本張南軒所書不分章每行十一字末題熙寧壬子八月壬寅書

付姪慥收時寓卩之廢寺居東齋南軒題

南宋相臺本孝經一卷 宋岳珂刊每半葉八行行十七字注文雙行附音釋卷末有木刻亞形篆書相臺岳氏刻梓荊溪家塾印

正德本孝經注疏九卷 是本刊于明正德六年每半葉十行行十七字注疏每格雙行行廿三字經文下載注不標注字正義冠大疏字於上每葉之末上題篇識皆元泰定間刊本舊式錯字甚多今挍正義無別本可據記中所稱此本者即據是刻而言

閩本孝經注疏九卷 明嘉靖閩中御史李元陽刻分卷同正德本每半葉九行每章首行廿一字餘低一格每行二十字注同正義雙行每行亦二十字詳春秋左傳注疏挍勘記

重脩監本孝經注疏九卷 明萬歷十四年刊分卷同正德本詳春秋左傳注疏挍勘記

毛本孝經注疏九卷 明崇禎己巳常熟汲古閣毛晉刊分卷同正德本詳春秋左傳注疏挍勘

記

# 孝經注疏卷第一

邢昺注疏



## 開宗明義章第一

（疏）正義曰：開張也宗本也明顯也義理也言此章開張一經之宗本顯明五孝之義理故曰開宗明義章也第次也一數之始也以此章揔標諸章以次結之故爲第一冠諸章之首焉案孝經遭秦坑焚之後爲河閒顔芝所藏初除挾書之律芝子貞始出之長孫氏及江翁后倉翼奉張禹等所說皆十八章及魯恭王壞孔子宅得古文二十二章孔安國作傳劉向校經籍比量二本除其煩惑以十八章爲定而不列名又有荀昶集其錄及諸家疏並無章名而援神契自天子至庶人五章唯皇侃標其目而冠於章首今鄭注見章名豈先有改除近人追遠而爲之也御注依古今集詳議儒官連狀題其章名重加商量遂依所請章者明也謂分析科段使理章明說文曰樂歌竟爲一章章字從音從十謂從一至十十數之終諸書言章者蓋因風雅凡有科段皆謂之章焉言天子庶人雖列貴賤而立身行道無限高卑故次首章先陳天子等差其貴賤以至庶人次及三才孝治聖治三章並敘德教之所由生也紀孝行章敘孝子事親爲先與五刑相

因即夫孝始於事親也廣要道章廣揚名章即先王有至德要道揚名於後世也揚名之上因諫爭之臣從諫之君必有應感三章相次不離於揚名事君章即忠於事君也喪親章繼於諸章之末言孝子事親之道紀也皇侃以開宗及紀孝行喪親等三章通於貴賤今案諫爭章大夫已上皆有爭臣而士有爭友父有爭子亦該貴賤則通於貴賤者有四焉

**仲尼居**仲尼孔子字居謂閒居**曾子侍**曾子孔子弟子侍謂侍坐

〔疏〕仲尼居曾子侍○正義曰夫子以六經設教隨事表名雖道由孝生而孝綱未舉將欲開明其道垂之來裔以曾參之孝先有重名乃假因閒居爲之陳說自標已字稱仲尼居呼參爲子稱曾子侍建此兩句以起師資問荅之體似若別有承受而記錄之○注仲尼至閒居○正義曰云仲尼孔子字者案家語云孔子父叔梁紇娶顏氏之女徵在徵在既往廟見以夫年長懼不時有男而私禱尼丘山以祈焉孔子故名丘字仲尼夫伯仲者長幼之次也仲尼有兄字伯故曰仲其名則案桓六年左傳申繻曰名有五其三曰以類命爲象杜注云若孔子首象尼丘蓋以孔子生而汙頂象尼丘山故名丘字仲尼而劉瓛述張禹之義以爲仲者中也尼者和也言孔子有中和之德故曰仲尼殷仲文又云夫子深敬孝道故稱表德之字及梁武

帝又以丘爲娶以尼爲和今並不取仲尼之先殷之後也案史記殷本紀曰帝嚳之子契爲堯司徒有功堯封之於商賜姓子氏契後世孫湯滅夏而爲天子至湯裔孫有位無道周武王殺之封其庶兄微子啓於宋案家語又孔子世家皆云孔子其先宋人也宋閔公有子弗父何長而當立讓其弟厲公何生宋父周周生世子勝勝生正考父正考父受命爲宋卿生孔父嘉嘉別爲公族故其後以孔爲氏或以爲用乙配子或以滴溜穿石其言不經今不取也孔父嘉生木金父木金父生皋夷父皋夷父生防叔避華氏之禍而奔魯防叔生伯夏伯夏生叔梁紇紇生孔子也云居謂閒居者古文孝經云仲尼閒居蓋爲乘閒居而坐與論語云居吾語汝義同而與下章居則致其敬不同○注曾子至侍坐○正義曰云曾子孔子弟子者案史記仲尼弟子傳稱曾參南武城人字子輿少孔子四十六歲孔子以爲能通孝道故授之業作孝經死於魯故知是仲尼弟子也云侍謂侍坐者言侍孔子而坐也案古文云曾子侍坐故知侍謂侍坐也卑者在尊側曰侍故經謂之侍凡侍有坐有立此曾子侍即侍坐也曲禮有侍坐於先生侍坐於所尊侍坐於君子據此而言明侍坐於夫子也

子曰先王有至德要道以順天下民用和

睦上下無怨孝者德之至道之要也言先代聖德之主能順天下人心行此至要之化則上下臣人和睦無怨汝知之乎曾子避席曰參不敏何足以知之參曾子名也禮師有問避席起荅敏達也言參不達何足知此至要之義子曰夫孝德之本也人之行莫大於孝故爲德本教之所由生也言教從孝而生復坐吾語汝曾參起對故使復坐〔疏〕子曰至語汝。正義曰子者孔子自謂案公羊傳云子者男子通稱也古者謂師爲子故夫子以子自稱曰者辭也言先代聖帝明王皆行至美之德要約之道以順天下人心而教化之天下之人被服其教用此之故並自相和睦上下尊卑無相怨者參汝能知之乎又假言參聞夫子之說乃避所居之席起而對曰參性不聰敏何足以知先王至德要道之言義既敘曾子不知夫子又爲釋之曰夫孝德行之根本也釋先王有至德要道謂至德要道元出於孝孝爲之本也云教之所生也者此釋以順天下民用和睦上下無怨謂王教由孝而生也孝道深廣非立可終故使復坐吾語汝也○注孝者至無怨○正義曰云孝者德之至道之要也者依王肅義德以孝而至道以孝而要是道德不離於孝殷仲文曰窮理之至以一管衆爲要。劉炫曰性未達何足知然性未達何足知至要之義者謂自云性不達何足知此先王至德要道之義也。注人之至德本。正義曰此依鄭注引其聖治章文也言孝行最大故爲德之本也德則至德也。注言教從孝而生。正義曰此依韋注也案禮記祭義稱曾子云衆之本教曰孝尚書敬敷五教解者謂教父以義教母以慈教兄以友教弟以恭教子以孝舉此則其餘順人之教皆可知也。注曾參至復坐正義曰此義已見於上

**身體髮膚受之父母不敢毁傷孝之始也**父母全而生之已當全而歸之故不敢毁傷**立身行道揚名於後世以顯父母孝之終也**言能立身行此孝道自然名揚後世光顯其親故行孝以不毁爲先揚名爲後〔疏〕身體至終也。正義曰身謂躬也體謂四支也髮謂毛髮膚謂皮膚禮運曰四體既正膚革充盈詩曰鬒髮如雲此則身體髮膚之謂也言爲人子者常須戒慎戰戰兢兢恐致毁傷此行孝之始也又言孝行非唯不毁而已須成立其身使善名揚於後代以先榮其父母此孝行之終也若行孝道不

至揚名榮親則未得爲立身也○注父母至毀傷○正義曰云父母全而生之已當全而歸之者此依鄭注引祭義樂正子春之言也言子之初生受全體於父母故當常自念慮至死全而歸之若曾子啓手啓足之類是也云故不敢毀傷者毀謂虧辱傷謂損傷故夫子云不虧其體不辱其身可謂全矣及鄭注周禮禁殺戮云見血爲傷是也○注言能至其後正義曰云能言立身行此孝道者謂人將立其身先須行此孝道也其行孝道之事則下文始於事親中於事君是也云自然名揚後世光榮其親者皇侃云若生能行孝沒而揚名則身有德譽乃能光榮其父母也因引祭義曰孝也者國人稱願然曰幸哉有子如此又引哀公問稱孔子對曰君子也者人之成名也百姓歸之名謂之君子之子是使其親爲君子也此則揚名榮親也云故行孝以不毀爲先者至其身爲孝子之始也云揚名爲後者謂後行孝道爲孝之終也夫不敢毀傷闔棺乃止立身行道弱冠須明經雖言其始終此略示有先後非謂不敢毀傷唯在於始立身獨在於終也明不敢毀傷立身行道從始至末兩行無怠此於次有先後非於事理有終始也

夫孝始於事親中於事君終於立身

言行孝以事親爲始事君爲中忠孝道著乃能揚名榮親故曰

終於立身也〔疏〕夫孝至立身○正義曰夫爲人子者先能全身而後能行其道也夫行道者謂先能事親而後能立其身前言立身未示其跡其跡始者在於内事其親也中者在於出事其主忠孝皆備揚名榮親是終於立身○注言行至身也○正義曰云言行孝以事親爲始事君爲中者此釋始於事親中於事君也云忠孝道著乃能揚名榮親故曰終於立身也者此釋終於立身也然能事親事君理兼士庶則終於立身此通貴賤焉鄭玄以爲父母生之是事親爲始四十強而仕是事君爲中七十致仕是立身爲終也者劉炫駁云若以始爲在家終爲致仕則兆庶皆能有始人君所以無終若以年七十者始爲孝終不致仕者皆爲不立則中壽之輩盡曰不終顏子之流亦無所立矣

大雅云無念爾祖聿脩厥德詩大雅也無念念也聿述也厥其也義取恒念先祖述脩其德〔疏〕大雅至厥德○正義曰夫子敘述立身行道揚名之義既畢乃引大雅文王之詩以結之言凡爲人子孫者常念爾之先祖常述脩其功德也○注詩大至其德○正義曰云無念念也聿述也此並毛傳文厥其也釋言文云義取常念先祖述脩其德者此依孔傳也謂述脩先祖之德而行之此經有十一章引詩及書劉炫云夫子敘經申述先王

之道詩書之語事有當其義者則引而證之示言不虛發也七章不引者或事義相違或文勢自足則不引也五經唯傳引詩而禮則雜引詩書及易並意及則引若汎指則云詩曰詩云若指四始之名即云國風大雅小雅魯頌商頌若指篇名即言句曰武曰皆隨所便而引之無定例也鄭注云雅者正也方始發章以正爲始亦無取焉

## 天子章第二

〔疏〕正義曰前開宗明義章雖通貴賤其跡未著故此已下至於庶人凡有五章謂之五孝各說行孝奉親之事而立教焉天子至尊故標居其首案禮記表記云惟天子受命於天故曰天子白虎通云王者父天母地亦曰天子虞夏以上未有此名殷周以來始謂王者爲天子也

子曰愛親者不敢惡於人博愛也敬親者不敢慢於人廣敬也愛敬盡於事親而德教加於百姓刑于四海刑法也君行博愛廣敬之道使人皆不慢惡其親則德教加被天下當爲四夷之所

法則也**蓋天子之孝也**蓋猶略也孝道廣大此略言之（疏）子曰至孝也○正義曰此陳天子之孝也所謂愛親者是天子身行愛敬也不敢惡於人不敢慢於人者是天子施化使天下之人皆行愛敬不敢慢惡於其親也親謂其父母也言天子豈唯因心內恕克己復禮自行愛敬而已亦當設教施令使天下之人不慢惡於其父母如此則至德要道之教加被天下亦當使四海蠻夷慕化而法則之此蓋是天子之行孝也孝經援神契云天子孝曰就言德被天下澤及萬物始終成就榮其祖考也五等之孝惟於天子章稱子曰者皇侃云上陳天子極尊下列庶人極卑尊卑既異恐嫌爲孝之理有別故以一子曰通冠五章明尊卑貴賤有殊而奉親之道無二○注博愛也○正義曰此依魏注也博大也言君愛親又施德教於人使人皆愛其親不敢有惡其父母者是博愛也○注廣敬也○正義曰此依魏注也廣亦大也言君敬親又施德教於人使人皆敬其親不敢有慢其父母者是廣敬也孔傳以人爲天下衆人言君愛敬已親則能推已及物謂有天下者愛敬天下之人有一國者愛敬一國之人也不惡者爲君常思安人爲其興利除害則上下無怨是爲至德也不慢者則曲禮曰毋不敬書曰爲人上者奈何不敬君能不慢於人脩已以安百姓則千

萬人悅是爲要道也上施德教人用和睦則分崩離析無由
而生也案禮記祭義稱有虞氏貴德而尚齒夏后氏貴爵而
尚齒殷人貴富而尚齒周人貴親而尚齒虞夏殷周天下之
盛王也未有遺年者年之貴乎天下久矣次乎事親也斯亦
不敢慢於人也所以於天子章明愛敬者王肅韋昭云天子
居四海之上爲教訓之主爲教易行故寄易行者宣之然愛
之與敬解者衆多沈宏云親至結心爲愛崇恪表迹爲敬劉
炫云愛惡俱在於心敬慢並見於貌愛者隱惜而結於內敬
者嚴肅而形於外皇侃云愛敬各有心迹烝烝至惜是爲愛
心溫凊搔摩是爲愛迹肅肅悚慄是爲敬心拜伏擎跪是爲
敬迹舊說云愛生於真敬起自嚴孝是真性故先愛後敬也
舊問曰天子以愛敬爲孝及庶人以躬耕爲孝五者並相通
否梁王荅云天子既極愛敬必須五等行之然後乃成庶人
雖在躬耕豈不愛敬及不驕不溢已下事邪以此言之五等
之孝互相通也然諸侯言保社稷大夫言守宗廟士言保其
祿位而守其祭祀以則言之天子當云保其天下庶人當言
保其田農此略之不言何也左傳曰天子守在四夷故愛敬
盡於事親之下而言德教加於百姓刑于四海保守之理已
定不煩更言保也庶人用天之道分地之利謹身節用保守
田農不離於此既無守任不假言保守也○注刑法至則也

正義曰刑法也釋詁文云君行博愛廣敬之道使人皆不慢惡其親者是天子愛敬盡於事親又施德教使天下之人皆不敢慢惡其親也云則德教加被於天下者釋刑於四海也百姓謂天下之人皆有族姓言百舉其多也尚書云平章百姓則謂百姓爲百官爲下有黎民之文所以百姓非兆庶也此經德教加於百姓則謂天下百姓爲與刑于四海相對四海既是四夷則此百姓自然是天下兆庶也經典通謂四夷爲四海案周禮記爾雅皆言東夷西戎南蠻北狄謂之四夷或云四海故注以四夷釋四海也孫炎曰海者晦暗無知也○注蓋猶至略言之○正義曰此依魏注也案孔傳云蓋者辜較之辭劉炫云辜較猶梗槩也孝道既廣此纔舉其大略也劉瓛云蓋者不終盡之辭明孝道之廣大此略言之也皇侃云略陳如此未能究竟是也鄭注云蓋者謙辭據此而言蓋非謙也劉炫駮云若以制作須謙則庶人亦當謙矣苟以名位須謙夫子曾爲大夫於士何謙而亦云蓋也斯則卿士以上之言蓋者並非謙辭可知也

**甫刑云一人有慶兆民賴之**

甫刑即尚書呂刑也一人天子也慶善也十億曰兆義取天子行孝兆人皆賴其善

（疏）甫刑至賴之○正義曰夫子述天子之行孝既畢乃引尚書甫刑篇之言以結成其義慶善也

言天子一人有善則天下兆庶皆倚賴之也善則愛敬是也一人有慶結愛敬盡於事親已上也兆民賴之結而德教加於百姓已下也○注甫刑至其善○正義曰云甫刑即尚書吕刑也者尚書有吕刑而無甫刑也案禮記緇衣篇孔子兩引甫刑辭與吕刑無别則孔子之代以甫刑命篇明矣今尚書爲吕刑者孔安國云後爲甫侯故稱甫刑知者以詩大雅嵩高之篇宣王之詩云生甫及申揚之水爲平王之詩不與我戍甫明子孫改封爲甫侯不知因吕國改作甫名不知别封餘國而爲甫號然子孫封甫穆王時未有甫名而稱爲甫刑者後人以子孫之國號名之也猶若叔虞初封於唐子孫封晉而史記稱晉世家也劉炫以爲遭秦焚書各信其學後人不能改正而兩存之也者非也諸章皆引詩此章獨引書者以孔子之言布在方策言必皆引詩書證事示不馮虛說義當詩意則引詩義當易意則引易此章與書意義相契故引爲證也鄭注以書録王事故證天子之章以爲引類得象然引大雅證大夫引曹風證聖治豈引類得象乎此不取也云一人天子也者依孔傳也舊說天子自稱則言予一人予我也言我雖身處上位猶是人中之一耳與人不異是謙也若臣人稱之則惟言一人言四海之內惟一人乃爲尊稱也天子者帝王之爵猶公侯伯子男五等之稱云號譽也書傳

通也云十億曰兆者古數爲然云義取天子行孝兆人皆賴其善者釋一人有慶兆民賴之也姓言百民稱兆皆舉其多也

# 孝經注疏卷第一

清嘉慶二十年重刊
用文選樓藏本校定

武寧盧氏
宣旬校定

掌福建道監察御史武寧盧浙栞

# 孝經注疏序挍勘記

阮元撰盧宣旬摘録

孝經注疏序 此五字頂格在第一行閩本監本毛本同案注原作註今訂正下同說詳唐元宗序以下凡他本與此本同者不載○註今改作注

今特翦截元疏 案翦原作剪俗字今訂正下同此本序低二字分作六行閩本監本低一字分作四行毛本頂格

翰林侍講學士朝請大夫守國子祭酒上柱國賜紫金魚袋臣邢昺等奉　勑挍定注疏 是銜在第八行第九行魚字另提行低並低字半閩本監本在第六行第七行魚字另提行低一字毛本在第二行序前翰字上增宋字低一字臣字不側註校作較案當作挍唐張參五經文字手部云挍經典及釋文以爲比挍字案王溥唐會要云天寶五載詔孝經書疏雖麤發明未能該備今更敷暢以廣闕文令集賢院寫頒中外又唐書元行沖傳稱元宗自注孝

經詔行沖爲疏立於學宮即序所謂今存於疏用廣發揮者也宋會要咸平三年三月命祭酒邢昺等取元行沖疏約而脩之四年九月以獻崇文總目孝經正義三卷邢昺撰咸平中奉詔據元氏本而增損焉然則是疏即據行沖書爲藍本其所增損者今亦無從辨別矣

成都府學主鄉貢傳注　奉右撰　此十二字在第十行低字半閩本監本在第九行低一字毛本改入序文即今京兆石臺孝經是也之下案秀水朱彝尊經義考云按孫奭序或作成都府學主鄉貢傳注奉右撰

以明君臣父子之行所寄　嘉善浦鏜正誤云寄當冀字誤案寄字不誤浦鏜所寄屬下讀因疑寄爲誤字浦鏜書不盡足據此類是也

雖備存祕府　閩本祕作秘案秘俗祕字後仿此

皇偘　閩本監本毛本作皇侃案偘俗侃字

播於國序　毛本於作于

辨鄭注有十謬　閩本監本毛本辨作辯案張參五經文字云辯理也辨別也經典或通用之

乃自八分御扎　閩本監本毛本扎作札是也此本御字提行是宋刻舊式閩本監本承之毛本改接分字下

即今京兆石臺孝經是也　監本毛本臺作臺是也下倣此

孝經正義　此四字頂格諸本及篇末同

翰林侍講學士朝請大夫守國子祭酒上柱國賜紫金魚袋臣邢昺等奉勑校定　是銜在第二行第三行金字另提行此本以下不著閩本第二行但著宋邢昺註疏五字第三行墨釘與宋字並每卷同監本二三兩行刻按刊官銜首行孝經正義下有宋邢昺校四字毛本在第二行校作較後並同案較當作撰監本宋誤朱今改正

御製序并註　此本御字頂格閩本監本毛本低一格疏同監本註字加圈毛本作陰文石臺本唐石經註作注是也又案唐會要云開元十年六月上注孝經頒天下及國子學天寶二年五月上重注亦頒天下云云是注凡再脩正義但云開元十年而不及天寶五載非也

博士江翁　毛本作博士是下倣此

少府后倉　毛本倉作蒼案漢書藝文志作倉儒林傳作蒼

相譚新論云　閩本監本毛本相作桓案作相避宋欽宗諱此翻宋十行本之證譚當作譚

古孝經千八百七十二字　案宋本古文孝經後記數云經凡一千八百一十言日本信陽太宰純所按僞古文孝經孔傳後記數云通計經一千八百六十一字

周書謚法　毛本謚作諡盧文弨鍾山札記云今本說文謚行之迹也从言兮皿闕徐鍇曰兮聲也諡笑皃从言益聲玉篇於謚下增一諡字云同上餘並同今說文余向於累行之字皆从兮从皿又證以玉篇以

爲貞說文之舊矣段玉裁云五經文字謚謚二字音常利反上說文下字林字林以謚爲笑聲音呼益反今用上字據此說文作謚並不从兮从皿即字林以謚代謚亦未嘗增一从兮从皿之字此出近世所改从兮从皿實無義余以其言爲然從之案毛本作謚法非也下仿此

至順曰孝　案浦鏜云謚法解無此文

揔而言之　閩本揔作揔監本毛本作總案作總轉寫之異當作總顧野王玉篇張參五經文字皆作總唐元度九經字樣揔字下云說文作緫經典相承通用李文仲字鑑云俗作緫揔非是

而爲孝事親常行　案正誤作孝爲是也

夫子隨而荅參　閩本監本毛本隨作隨後同荅毛本作荅閩監本作答案作答非也五經文字荅荅字下云上說文下石經此荅本小豆之一名對荅之荅本作畣經典及人閒行此荅已久故不可改變下仿此

夫子刊緝前史 毛本緝作輯

而修春秋 監本修作脩案經典多作脩下仿此

按鉤命決云 此本誤決監本毛本作決案玉篇云決俗決字張參亦云作決訛下仿此

本非曾參請業而對也 此本作夲毛本作本下仿此

孰能非乎 正誤非作外

名教將絕 此本作絶毛本作絕是也下倣此

以爲對揚之躰 閩本監本毛本躰作體案玉篇云躰俗體字

非待也 正誤待下有問字是也

皆遥結道本荅曾子也 正誤道本作首章

必其主爲曾子言 此本主誤王今據閩本監本毛本改正

首章荅曾子已了 正此本了誤子今據閩本監本毛本改

何由不待曾子問 毛本由作由避明熹宗諱後同

更自述而脩之 正誤脩作明

且三起曾參侍坐與之別 正誤三作首別作言

故假言乘閒曾子坐也 正誤故作蓋

說之以終 正誤以作已案已以古多通用

故須更借曾子言 此本更誤吏據閩本監本毛本改正

楊雄之翰林子墨 毛本楊作揚案廣韻揚字注不言姓楊字注云姓出宏農天水二望本自周宣王子尚父幽王邑諸楊號曰楊侯後并於晉因爲氏漢書楊雄本傳云其先食采於楊因氏焉又云楊在河汾之閒應劭曰左傳霍楊韓魏皆姬姓也楊今河東楊縣卽楊侯國正誤云監本誤楊非也

經教發極　正誤極作抒

孔子以六藝題目不同　此本誤作日閩本監本毛本日改目是也

然入室之徒不　案不下脫一字

則凡聖無不孝也　毛本孝誤盡

龍逄　閩本監本逄作逢

孝以伯奇之名偏著　監本毛本以作已案當作已正誤云之當孝誤是也

德法者御民之本也　案大戴禮本作銜

內史太史　案今本大戴禮作大史內史

此御政之體也　閩本監本毛本體作禮此本作體與大戴禮合

諱隆著　閩本毛本著作基不誤

諡曰明孝皇帝 明字據毛本補

敘緒也 此本誤敘閩本毛本作敘是也下倣此

言非但製序 此本但誤旦今依閩本監本毛本改

案今俗所行孝經 文苑英華行作傳

而晉魏之朝 文苑英華唐會要作魏晉是也

有荀昶者 監本毛本作昺非

晉末以來 文苑英華唐會要作自齊梁已來

著作律令 文苑英華唐會要作作在是也

遭黨錮之事逃難 案此下當依文苑英華唐會要補注禮二字

鄭君卒後 唐會要君作元

有中候　此本誤侯依閩本監本毛本改作候

大傳　文苑英華唐會要作書傳是也

毛詩謂　閩本監本毛本謂作譜是也

許愼異議　文苑英華唐會要許上有駁字議作義是也

箴膏盲　監本毛本盲作肓是也

分授門徒　閩本監本毛本作分撜誤也文苑英華唐會要並作分授

各述所言　文苑英華唐會要所作師是也

更爲問荅　文苑英華唐會要作更相是也

唯載禮易論語　此本唯誤佳今依閩本監本毛本改文苑英華唐會要載下有詩書二字是也

趙商作鄭元碑銘　文苑英華唐會要元作先生

具載諸所注　箋驗論　文苑英華唐會要載作稱諸作其驗作駁是也

晉中經薄　文苑英華唐會要薄作簿

尚書守倏　閩本監本毛本守作中不誤唐會要文苑英華尚書字並重是也

則有評論　此本有誤者今改正

朱均詩譜序云　文苑英華均下有於字譜作緯唐會要亦有於字

我先師北海　鄭司農　此本北誤比今改正

非元所注時　明監本毛本時作特文苑英華亦作特所上有之字唐會要惟注字作著

其所注皆無　孝經　文苑英華唐會要其下有爲鄭元傳者載其七字

唯范氏書有　孝經　監本范誤鄭文苑英華唐會要並無此七字

有司馬宣王奉詔　文苑英華唐會要王下有之奏云三字

而不言鄭　文苑英華而下有都字

好發鄭短　好發文苑英華唐會要作發揚

而肅無言　按禮記郊特牲正義引王肅難鄭云月令命民社鄭注云社后土也孝經注云社后土也然則句龍爲后土鄭既云社后土則句龍也是鄭自相違反然則王肅未嘗無言也六藝論序孝經云元又爲之注又孝經序云念昔先人餘暇述夫子之志而注孝經則鄭氏曾注此經或成於後人之手未可知也非之者始於陸澄而極於劉子元此固無關乎異同因讀子元議附訂於此

辯論時事　監本時誤將文苑英華作論辨時事

未有一言孝經注者　文苑英華唐會要無者字言下有引字注上有之字

以此證驗　文苑英華唐會要以作凡是也

乘後謬說　文苑英華唐會要後作彼是也

此注獨行於世　文苑英華世作代

覩言語鄙陋義理乖謬　文苑英華言上有夫字謬作疎唐會要脱下四字

語甚詳正　諸本甚誤其據浦鏜正誤改

不被流行　文苑英華唐會要被作復

祕書學生王逸　文苑英華王下有孝字又注云一本生作士案唐會要作士

遂與著作王劭　唐會要文苑英華作字下有郎字

仍令校定　毛本校作挍避明熹宗諱全書皆然

至劉向以此參校古文　文苑英華唐會要此下有本字

定此一十八章　此本此誤此今改正文苑英華此下有爲字唐會要此爲二字倒誤

具載此注　文苑英華此上有此注而其序以鄭爲主是先達博選以十五字唐會要同序下有云字

無出孔壁　無唐會要文苑英華並作元

尚未見孔傳中朝遂亡其本　文苑英華唐會要尚未作有字是也

妄作傳學　文苑英華唐會要作妄作此傳是也

具禮矣　唐會要文苑英華矣下有乎字

然故者建下之辭　建下閩本監本毛本作逮下亦非文苑英華唐會要作連上是也

是古人既沒　唐會要文苑英華並作是古文既亡

以應二十二之數　文苑英華唐會要之上有章字

非但經久不真　監本毛本久作文

又注用天之道分地之利　文苑英華作至注用天之時因地之利唐會要用改因

臉之應功　文苑英華唐會要及日本所刻僞孝經孔傳並作臉衣就功

暴其肌體　僞孝經孔傳作暴其髮膚

朝暮從事　僞孝經孔傳朝作旦

露髮徒足　僞孝經孔傳作露體塗足文苑英華亦作塗　唐會要作跣足

少而習之其心安焉　僞孝經孔傳之作焉安作休

分别五土　此本土誤士今改正

欲取近儒詭說　文苑英華唐會要下有殘經缺傳四字

請准令式　唐會要作望請准式

孝經正義終

孝經序　唐石經此三字八分書

疏此本疏字陽文加圈於外監本方圈閩本毛本陰文　閩本作䟽監毛本作疏案疎疏古今字唐人多作䟽

至於序未 閩本監本毛本未作末是也

凡有五段 此本作段閩本作叚毛本作段案當作段今依訂正下仿此

朕言惠可厎行 案當作厎顧炎武云五經無底字皆是厎字今說文本厎字下有一畫誤字當從氏段玉裁云此說大誤厎訓柔石經傳多借訓爲致凡字書韻書皆無作厎少下一畫者惟唐石經刻五經文字广部底誤厎厂部厎致也不誤

目之不觀 閩本監本毛本觀作覩

中古未有釜甑 閩本監本毛本未作末是也

其風朴略者 閩本監本毛本略作畧案古畧略字皆田在左

因親於外親 浦鏜云因周禮作姻

大古帝皇之世 閩本監本毛本皇作王案作皇與曲禮注合

昔者明王之以孝理天下也 石經作治序作理避唐高宗諱

而況於公侯伯子男乎 唐石經此處殘闕

至形於四海 毛本於作于案經作于

公侯百子男 閩本監本毛本百作伯是也下百七十里同

公侯地方百里 案王制地作田

朕嘗三復斯言 岳本嘗作甞石臺本作常案作嘗是也

刑于四海 唐石經此處闕石臺本閩本監本毛本刑作形案正義曰案經作刑刑法也今此作形則形猶見也義得兩通無煩改字

無繁改字 監本毛本繁作煩

嗟乎夫子没而微言絶 唐石經絶字殘闕石臺本岳本監本毛本作絕案作絕是也說文絕

斷絲也从糸从刀从卩廣韻云絕斷也下仿此

異端起而大義乖 監本起作𧺆案監本凡從走字多作𧺆

典籍散亡 閩本監本毛本藉作籍亡作亡是也

莽曾城北四上 閩本監本毛本四作泗是也

沉泯絕於秦 石臺本泯作泜避所諱

爲周孝王養馬於汧謂之間也 閩本監本毛本謂作渭是

及非子之曾孫秦仲 監本秦仲誤秦伯下稱秦爲秦監本作稱泰爲泰亦非

按秦昭王四十八年 案史記按作以

王十四年 閩本監本毛本王作三不誤

享于越進曰也 閩本監本毛本享作淳于閩監本作于是

封子弟立功臣　案史記無立字

何以輔政哉　案史記輔政作相救

建萬世之所　案史記所作功是也

皆阬之咸陽　閩本監本毛本阬作坑下焚坑此本作焚阬案史記作阬坑俗阬字

不避風雨　正誤雨作則屬下讀

大收篇藉　閩本監本毛本藉作籍是也

出其交之所藏　閩本監本毛本交作父是也

沉其少　閩本監本毛本沉作況案當作況

左氏傳三千卷　閩本監本毛本千作十是

穀梁傳十一卷名赤魯人　案卷下當作穀梁子魯人名赤

十錄云案十當作七

王吉善鄒氏春秋閩本監本毛本氏作氏不誤

毛詩商詩監本毛本商作韓是也

傳至大毛公名享閩本監本享作亨案當作亨

萇名置其篇閩本監本毛本名作各是

傳夏侯始昌閩本監本毛本傳作傳是

昌授后蒼韋毛本韋作韋案韋俗韋字

以經爲訓詁教之閩本監本毛本詁作詁是

近觀孝經舊註石臺本唐石經註作注案漢唐宋人經注字從水之注物是也下仿此惟記注字從言者注義於經下若水之注物是也下仿此惟記注字從言不從氵如左傳敘諸所記註服虔通俗文記物曰註張揖

廣雅云誌識也是也

踳駁尤甚 閩本踳作踳亦非正義並同石臺本唐石經岳本監本毛本作踳是也駁石臺本唐石經本岳本作駮

虡槃佑 正誤佑作佐從隋唐志挍

賀瑒 案瑒當作瑒瑒字德璉南史有傳

其古文出孔氏壤壁 閩本監本毛本壁作壁是也

其上室之名 閩本監本毛本上作十是也

必自擅開門戶牕牖矣 毛本牕作牕監本作牕並非下仿此

必騁殊軌轍 石臺本唐石經岳本閩本毛本軌作軏不誤下同

而回瞠若乎後耳 閩本監本毛本瞠作瞠是也正誤耳作矣

小道謂小道而有成德者也案上道字當作成諸本並誤

唯行小道華辯閩本監本毛本辯作辨

言惡乎有而不可監本毛本有作存案莊子作存

此文與改同閩本監本毛本改作彼是也

唯榮華作僞閩本監本毛本作下有浮字案序文當有

不爲義列監本毛本列作例是也

例則馬融亦謂之傳浦鏜云例當何字誤下疑有脫文

虞龖岳本作翻與今本三國志同下同

事吳閩本監本毛本事作仕是也

爲老子命語國語案命當作論

炫自陳於內史　閩本監本毛本作史此本誤吏今改正

乞送吏部　案隋書本傳送下有詣字

雖義有精麄　閩本監本毛本麄作粗案當作麤

用功頗少　案隋書作差少

未嘗舉手　案隋書舉作假

傳覽無所不知　閩本毛本傳作傳是也

請文淑祕書　案齊書本傳文作不書作省是也

易行上繫荷　閩本監本毛本上作止荷作苛案周禮鄭注作去煩苛

鍺侯　閩本監本毛本鍺作諸不誤

聯字分强　正誤强作彊

志在殷勤垂訓 毛本勤改懃案殷勤亦作慇懃

此言必順作疏之義也 浦鏜云順當須字誤是也

孝經注疏序挍勘記終

新建生員杜鰲挍

孝經注疏卷一挍勘記

阮元撰盧宣旬摘錄

孝經注疏卷第一

開宗明義章第一　熙寧石刻不載分章此本此行在第二行頂格疏另提行亦頂格閩本監本在第四行毛本在第三行並低一格疏文接第一字下提行處低二格後章並同鄭注本無第一第二等字釋文可證

以此章總摽　監本毛本作標案作標不誤下摽其同

樂歌竟爲一章　案今本說文作樂曲盡爲竟

即夫孝始於事親也　閩本毛本作即夫是也

揚名之上　正誤上作義

因諫爭之臣　閩本監本毛本爭作諍案玉篇云爭諫也或作諍

即忠於事君也　案忠當作中

言孝子事親之道紀也　正誤紀作終

自標巳字　監本毛本摽作標是也案巳當作已

徵在既往庿見　案庿乃廟之譌閩本監本毛本作廟

謚以孔子生而汙頂　監本毛本汙作汀案史記孔子世家作圩索隱謂圩音烏瓜也白虎通姓名篇云孔子首類尼邱山蓋中低而四旁高如屋宇之反則作圩是也

而劉獻述張禹之義　監本毛本獻作瓛案宋欽宗諱桓兼避丸瓛洹等字此作獻承避宋諱故也

又以卯爲娶　監本毛本娶作聚

宋閔公　正誤閔作襄是也

右文孝經云　閩本監本毛本右作古不誤

曲禮有侍坐於先生　閩本監本毛本作先此本誤侍今改正

言先代聖德之生　監本毛本生作王石臺本岳本作主

汝知之乎　岳本汝作女鄭注本同此正義本則作汝字

曾子避席曰　鄭注本避作辟用假借字與此本不同

敏達也　石臺本岳本閩本毛本達作逹逹從幸得聲幸音他葛反作逹非也下倣此

夫孝德之本也　石臺本唐石經宋熙寧石刻本作夲石臺本注同案說文作本五經文字云經典相承從隸省作夲後同

人之行莫大於孝　案正義云此依鄭注據釋文注人上有夫字是明皇所刪也

吾語汝　岳本汝作女

參性不聰敏　閩本聰字模糊監本毛本作聦俗字

云教之所生也者 案正誤生上補由字是也

以一管衆爲要 浦鏜云下當脱參曾至之義○正義曰九字案下文劉炫疑正義二字之譌

性未達何足知 盧文弨挍本下補此依劉注也五字

然性未達 案然當言字之譌

已當全而歸之 石臺本岳本巳作已是也

揚名於後世 唐石經世作廿避唐太宗諱

光顯其親 石臺本岳本顯作榮案正義亦作榮

言能至其後 閩本監本毛本其作爲案注當作爲

未示其跡 閩本監本毛本末作未是也

是終於立身 正誤身下補也字是也

無念爾祖　鄭注本作毋念左傳文二年趙成子引詩同此正義本則作無念

常述脩其功德也　正誤常作當

即言句曰武曰　閩本亦誤句監本毛本作勾是也

天子章第二

故摽居其首　監本毛本摽作標

亦曰天子　正誤亦作故是也

敬親者　宋熙寧石刻敬作敂追避宋翼祖諱

刑于四海　鄭注本刑作形此正義本則作刑于字監本毛本改於

柰何不敬　閩本監本毛本柰作奈案柰本果名假借爲柰何字俗作奈爲非也

沈宏云　浦鏜云按陸氏注亦傳述人當袁宏之誤

温凊搔摩閩本監本毛本凊作凔是也

肅肅悚慄閩本監本毛本慄改悚

王者並相通否案王宜作五

反相通也正誤反作互

而言德教加於百姓毛本於作于下同案經作於

不假旨保守也浦鏜云旨疑言字誤案當作言

云則德教加被於天下者毛本於改于

案周禮記爾雅正誤記上補禮字

楊之水閩本監本毛本楊作揚案詩王風揚之水釋文云或作楊

義當易意則引易毛本義作意非

止

# 孝經注疏卷第二



## 諸侯章第三

邢昺注疏

〔疏〕正義曰次天子之貴者諸侯也案釋詁云公侯君也不曰諸公者嫌涉天子三公也故以其次稱爲諸侯猶言諸國之君也皇侃云以侯是五等之第二下接伯子男故稱諸侯今不取也

在上不驕高而不危諸侯列國之君貴在人上可謂高矣而能不驕則免危也制節謹度滿而不溢費用約儉謂之制節慎行禮法謂之謹度無禮爲驕奢泰爲溢高而不危所以長守貴也滿而不溢所以長守富也富貴不離其身然後能保其社稷而和其民人列國皆有社稷其君主而祭之言富貴常在其身則長爲社稷之主而人自和平也蓋諸侯之孝也〔疏〕在上至孝也○正義曰夫子前述天子行孝之事已畢次明諸侯行孝也言諸侯在

一國臣人之上其位高矣高者危懼若不能以貴自驕則雖處高位終不至於傾危也積一國之賦稅其府庫充滿矣若制立節限慎守法度則雖充滿而不至盈溢也滿謂充實溢謂奢侈書稱位不期驕祿不期侈是知貴不與驕期而驕自至富不與侈期而侈自來言諸侯貴爲一國人主富有一國之財故宜戒之也又覆述不危不溢之義言居高位而不傾危所以常守其貴財貨充滿而不盈溢所以長守其富使富貴長久不去離其身然後乃能安其國之社稷而協和所統之臣人謂社稷以此安臣人以此和也言此上所陳蓋是諸侯之行孝也皇侃云民是廣及無知人是稍識仁義即府史之徒故言民人明遠近皆和悅也援神契云諸侯行孝曰度言奉天子之法度得不危溢是榮其先祖也○注諸侯至危也○正義曰云諸侯列國之君者經典皆謂天子之國爲王國諸侯之國爲列國詩云思皇多士生此王國則天子之國也左傳魯叔孫豹云我列國也鄭子產云列國一同是諸侯之國也列國者言其國君皆以爵位尊卑及土地大小而敘列焉五等皆然云貴在人上可謂高矣者言諸侯貴在一國臣人之上其位高也云而能不驕則免危也者言其爲國以禮能不陵上慢下則免傾危也○注費用至爲溢○正義曰云費用約儉謂之制節者此依鄭注釋制節也謂費國之財

以供已用每事儉約不爲華侈則論語道千乘之國云節用而愛人是也云愼行禮法謂之謹度者此釋謹度也言不可奢僭當須愼行禮法無所乖越動合典章皇侃云謂宮室車旗之類皆不奢僭也無禮爲驕奢泰爲溢者皆謂華侈放恣也前未解驕今於此注與溢相對而釋之言無禮謂陵上慢下也皇侃云在上不驕以戒貴應云居財不奢以戒富若云制節謹度以戒富亦應云制節謹身以戒貴此不例者互其文也但驕由居上故戒貴云在上溢由無節故戒富云制節也○注列國至乎也○正義曰列國已具上釋云皆有社稷者韓詩外傳云天子大社東方青南方赤西方白北方黑中央黃土若封四方諸侯各割其方色土苴以白茅而與之諸侯以此土封之爲社明受於天子也社則土神也經典所論社稷皆連言之皇侃以爲稷五穀之長亦爲土神據此稷亦社之類也言諸侯有社稷乃有國無社稷則無國也云其君主而祭之者案左傳曰君人者社稷是主社稷因地故以列國言之祭必由君故以其君言之云言富貴常在其身者此依王注釋富貴不離其身也則長爲社稷之主者釋保其社稷也云而人自和平也者釋而和其民人也然經上文先貴後富言因貴而富也下覆之富在貴先者此與易繫辭崇高莫大乎富貴老子云富貴而驕皆隨便而言之非富合先於

貴也經傳之言社稷多矣案左傳曰共工氏之子曰勾龍爲后土后土爲社有烈山氏之子曰柱爲稷自夏以上祀之周棄亦爲稷自商以來祀之言句龍柱棄配社稷而祭之卽句龍柱棄非社稷也又條牒云稷壇在社西俱北鄉並列同營共門並如條之說

詩云戰戰兢兢如臨深淵如履薄冰 戰戰恐懼兢兢戒慎臨深恐墜履薄恐陷義取爲君恒須戒慎

〔疏〕詩云至薄冰○正義曰夫子述諸侯行孝終畢乃引小雅小旻之詩以結之言諸侯富貴不可驕溢常須戒懼故戰戰兢兢常如臨深履薄也○注戰戰至戒懼○正義曰此依鄭注也案毛詩傳云戰戰恐也兢兢戒也此注恐下加懼戒下加慎足以圓文也云臨深恐隊履薄恐陷者亦毛詩傳文也恐隊謂墜入深淵不可復出恐陷謂沒在冰下不可拯濟也云義取爲君常須戒慎者引詩大意如此

# 卿大夫章第四

〔疏〕正義曰次諸侯之貴者卽卿大夫焉說文云卿章也白虎通云卿之爲言章也章善明理也大夫之爲言大扶扶進人者也故傳云進賢達能謂之卿大夫王制云上大夫卿也又典命云王之卿六命其大夫四命則爲卿與大夫異

也今連言者以其行同也

非先王之法服不敢服服者身之表也先王制五服各有等差言卿大夫遵守禮法不敢僭上偪下非先王之法言不敢道非先王之德行不敢行法言謂禮法之言德行謂道德之行若言非法行非德則虧孝道故不敢也是故非法不言非道不行言必守法行必遵道口無擇言身無擇行言行皆遵法道所以無可擇也言滿天下無口過行滿天下無怨惡禮法之言焉有口過道德之行自無怨惡三者備矣然後能守其宗廟三者服言行也禮卿大夫立三廟以奉先祖言能備此三者則能長守宗廟之祀蓋卿大夫之孝也【疏】非先王至孝也○正義曰夫子述諸侯行孝之事終畢次明卿大夫之行孝也言大夫委質事君學以從政立朝則接對賓客出聘則將命他邦服飾言行須遵禮典非先王禮法之衣服則

不敢服之於身若非先王禮法之言辭則不敢道之於口若非先王道德之景行亦不敢行之於身就此三事之中言行尤須重慎是故非禮法則不言非道德則不行所以口無可擇之言身無可擇之行也使言滿天下無口過行滿天下無怨惡服飾言行三者無虧然後乃能守其先祖之宗廟蓋是卿大夫之行孝也援神契云卿大夫行孝曰譽蓋以聲譽爲義謂言行布滿天下能無怨惡遐邇稱譽是榮親也舊說云天子諸侯各有卿大夫此章既云言行滿於天下又引詩云夙夜匪懈以事一人是舉天子卿大夫也天子卿大夫尚爾則諸侯卿大夫可知也○注服者至偪下○正義曰服者身之表也者此依孔傳也左傳曰衣身之章也彼注云章貴賤言服飾所以章其貴賤章則表之義也云先王制五服各有等差者案尚書皐陶篇曰天命有德五服五章哉孔傳云五服天子諸侯卿大夫士之服也尊卑采章各異是有等差也云言卿大夫遵守禮法不敢僭上偪下者僭上謂服飾過制僭擬於上也偪下謂服飾儉固偪迫於下也卿大夫言必守法行必遵德服飾須合禮度無宜僭偪故劉炫引禮證之曰君子上不僭上下不偪下是也又案尚書益稷篇稱命禹曰予欲觀古人之象日月星辰山龍華蟲作會宗彝藻火粉米黼黻絺繡以五采章施於五色作服汝明孔傳曰天子服日

月而下諸侯自龍衮而下至黼黻七服藻火大夫加粉米上得兼下下不得僭上此古之天子冕服十二章以日月星辰及山龍華蟲六章畫於衣衣法於天畫之爲陽也以藻火粉米黼黻六章繡之於裳裳法於地繡之爲陰也日月星辰取照臨於下山取興雲致雨龍取變化無窮華蟲謂雉取耿介藻取文章火取炎上以助其德粉取絜白米取能養黼取斷割黻取背惡鄉善皆爲百王之明戒以益其德諸侯自龍衮而下八章也四章畫於衣四章繡於裳大夫藻火粉米四章也二章畫於衣二章繡於裳孔安國蓋約夏殷章服爲說周制則天子冕服九章象陽之數極也案鄭注周禮司服稱至周而以日月星辰畫於旌旗所謂三辰旂旗昭其明也又云登龍於山登火於宗彝尊其神明也古文以山爲九章之首火在宗彝之下周制以龍爲九章之首火在宗彝之上是登龍於山登火於宗彝也又案司服云王祀昊天上帝則服大裘而冕祀五帝亦如之享先王則衮冕享先公饗射則鷩冕祀四望山川則毳冕祭社稷五祀則絺冕羣小祀則玄冕而冕服九章也又案鄭注九章初一曰龍次二曰山次三曰華蟲次四曰火次五曰宗彝皆畫以爲繢次六曰藻次七曰粉米次八曰黼次九曰黻皆絺以爲繡則衮之衣五章裳四章凡九也鷩畫以雉謂華蟲也其衣三章裳四章凡七章毳畫

虎蜼謂宗彝也其衣三章裳二章凡五也絺刺粉米無畫也
其衣一章裳二章凡三也玄者衣無衣裳刺黻而已是以謂
玄焉凡冕服皆玄衣纁裳又案司服公之服自袞冕而下如
王之服侯伯之服自鷩冕而下子男之服自毳冕而下卿大
夫之服自玄冕而下士之服自皮弁而下如大夫之服則周
自公侯伯子男其服之章數又與古之象服差矣○注法言
至敢也○正義曰法言謂禮法之言者此則論語云非禮勿
言是也云德行謂道德之行者即論語云志於道據於德是
也若言非法行非德者即王制云言偽而辯行偽而堅是也
云則虧孝道故不敢也者釋所以不敢之意也○注言必至
遵道○正義曰此依正義釋非法不言非道不行也○注言
行至擇也○正義曰言不守禮法行不遵道德皆已而法之
經言無擇謂令言行無可擇也○注禮法至怨惡○正義曰
口有過惡者以言之非禮法行有怨惡者以所行非道德也
若言必守法行必遵道則口無過怨惡無從而生○注三者
至之祀○正義曰云三者服言行者也此謂法服法言德行
也然言之與行君子所最謹出已加人發邇見遠出言不善
干里違之其行不善謹辱斯及故首章一敘不毀而再敘立
身此章一舉法服而三復言行也則知表身者以言行不虧
不毀猶易立身難備也皇侃云初陳教本故舉三事服在身

外可見不假多飾言行出於内府難明必須備言最於後結宜應揔言謂人相見先觀容飾次交言辭後謂德行故言三者以服爲先德行爲後也云禮卿大夫立三廟者義見末章云以奉先祖者謂奉事其祖考也云言能備此三者則能長守宗廟之祀者謂卿大夫若能備服飾言行故能守宗廟也

**詩云夙夜匪懈以事一人**夙早也懈惰也義取爲卿大夫能早夜不惰敬事其君也【疏】詩云至一人○正義曰夫子既述卿大夫行孝終畢乃引大雅烝民之詩以結之言卿大夫當早起夜寐以事天子不得懈惰匪猶不也○注夙早至君也○正義曰夙早也釋古文懈惰也釋言文云義取爲卿大夫能早夜不惰者引詩大意如此云敬事其君也者釋以事一人不言天子而言君者欲通諸侯卿大夫也

## 士章第五

【疏】正義曰次卿大夫者即士也案說文曰數始於一終於十孔子曰惟一苔十爲士毛詩傳曰士者事也白虎通曰士者事也任事之稱也故禮辨名記曰士者任事之稱也傳曰通古今辨然不然謂之士

資於事父以事母而愛同資於事父以事君而敬同資取也言愛父與母同敬父與君同故母取其愛而君取其敬兼之者父也言事父兼愛與敬也故以孝事君則忠移事父孝以事於君則爲忠矣以敬事長則順移事兄敬以事於長則爲順矣忠順不失以事其上然後能保其祿位而守其祭祀能盡忠順以事君長則常安祿位永守祭祀蓋士之孝也

〔疏〕「資於」至「孝也」。正義曰：夫子述卿大夫行孝之事終，次明士之行孝也。言士始升公朝，離親入仕，故此敘事父之愛敬，宜均事母與事君，以明割恩從義也。資者，取也。取於事父之行以事母，則愛父與愛母同；取於事父之行以事君，則敬父與敬君同。母之於子，先取其愛；君之於臣，先取其敬，皆不奪其性也。若兼取愛敬者，其惟父乎？既說愛敬取捨之理，遂明出身入仕之行。故者，連上之辭也。謂以事父之孝移事其君，則爲忠矣；以事兄之敬移事於長，則爲順矣。長謂公卿大夫，言其位長於士也。又言事上之道在於忠順二者皆能不失則可事上矣上謂君與長也言以忠順事上然後乃能保其祿秩官位而長守先祖之祭祀蓋士之孝也援神契云士行孝曰究以明審爲義當須能明審資親事君之道是能榮親也白虎通云天子之士獨稱元士蓋士賤不得體君之尊故加元以別於諸侯之士也此直言士則諸侯之士前言大夫是戒天子之大夫諸侯之大夫可知也此章戒諸侯之士則天子之士亦可知也○注資取至君同○正義曰云資取也此依孔傳也案鄭注表記考工記並同訓資取也云言愛父與母同敬父與君同者謂事母之愛事君之敬並同於父也然愛之與敬俱出於心君以尊高而敬深母以鞠育而愛厚劉炫曰夫親至則敬不極此情親而恭也尊至則愛不極此心敬而恩殺也故敬極於君愛極於母梁王云天子章陳愛敬以辨化也此章陳愛敬以辨情也○注言事至敬也○正義曰此依王注也劉炫曰母親至而尊不至豈則尊之不極也君尊至而親不至豈則親之不極也惟父既親且尊故曰兼也劉瓛曰父情天屬尊無所屈故愛敬雙極也○注移事至忠矣○正義曰此依鄭注也揚名章云君子之事親孝故忠可移於君是也舊說云入仕本欲安親非貪榮貴也若用安親之心則爲忠也若用貪榮之心則非忠也嚴植之曰上云君父敬同則忠孝不得有異

言以至孝之心事君必忠也○注移事至順矣○正義曰此依鄭注也下章云事兄悌故順可移於長注不言悌而言敬者順經文也左傳曰兄愛弟敬又曰弟順而敬則知悌之與敬其義同焉尚書云邦伯師長安國曰衆長公卿也則知大夫已上皆是上之長○注能盡至祭祀○正義曰謂能盡忠順以事君長則能保其祿位也祿謂廩食位謂爵位廣雅曰位涖也涖下爲位王制云上農夫食九人諸侯之下士視上農夫中士倍下士上士倍中士祭者際也人神相接故曰際也祀者似也謂祀者似將見先人也士亦有廟經不言耳大夫既言宗廟士可知也士言祭祀則大夫之祭祀亦可知也皆互以相明也諸侯言保其社稷大夫言守其宗廟士則保守並言者皇侃云稱保者安鎮也守者無逸也社稷祿位是公故言保宗廟祭祀是私故言守也士初得祿位故兩言之也

詩云夙興夜寐無忝爾所生 忝辱也所生謂父母也義取早起夜寐無辱其親也

疏 詩云至所生○正義曰夫子述士行孝畢乃引小雅小宛之詩以證之也言士行孝當早起夜寐無辱其父母也○注忝辱至親也○正義曰云忝辱也釋言文所生謂父母也下章云父母生之是也云義取早起夜寐無辱其親也者亦引詩之大意也

卷終

# 孝經注疏卷二挍勘記

阮元撰盧宣旬摘錄

## 孝經注疏卷第二

### 諸侯章第三

諸諸列國之君 石臺本岳本閩本監本毛本下諸字作侯是也

奢泰爲溢 監本泰作泰案張參五經文字云從小者訛

然後能保其社稷 案臧琳云儀禮鄉射禮挾弓矢而后下射注古文而后作後非也孝經說然后曰后者後也當從后釋曰孝經援神契說孝經然後能保其社稷之等皆作后世所行唐明皇注本稱爲今文而然後能保其社稷之等皆作後不作后蓋依古文改之也

而和其民人 石臺本民作𢓜避唐太宗諱

則長爲社稷之主 毛本長誤常

所以當守其貴 閩本監本毛本當作常案經作長

仁是稍識仁義 閩本監本毛本上仁字作人案當作人

皆謂華侈族恣也 閩本監本毛本族作放不誤毛本謂作爲非也

苴以白苴而與之 監本毛本下苴字作茅是也

共工氏之子曰勾龍 案左傳之作有

如臨深淵 石臺本唐石經淵作渆避唐高祖諱

臨深恐墜 鄭注本作隊此正義本則作墜案隊墜古今字

履薄恐陷 監本陷作陥亦非正義竝同石臺本岳本毛本作陷是也

恒須戒懼 石臺本岳本懼作慎案正義亦云義取爲君常須戒慎此注及疏標起止作戒懼非也

臨深恐薄墜履浮恐陷者 閩本監本毛本薄墜履浮作墜履薄是也

卿大夫章第四

非先王之法服不敢服　石臺本法作灋案灋法古今字

言卿大夫遵守禮法　石臺本法作灋自此以下注文皆作法

然後能守其宗廟　釋文云本或作庿此正義本則作廟案說文云庿古文廟字

七服藻火　案七當作士

所謂三辰旌旗　監本旌作旂是也

祭社稷五祀則絺冕　案周禮絺作希注云讀爲黹或作絺字之誤也

皆畫以爲績　閩本毛本績作繢是也

凡七章　案上下文作凡幾也此處亦不應作章

毳畫虎雉　閩本監本毛本雉作蜼是也

元者衣無衣　正誤下衣作文是也

此依正義　浦鏜云正疑王字誤案浦說是也

後謂德行　正誤謂作論

懈惰也　石臺本作墮下同案華嚴音義上引作懈墮也與石臺本合

言卿大夫當早起夜寐　監本毛本寐作寐是也

釋古文　閩本監本毛本古作詁是也

懈惰也釋言文　閩本監本毛本作惰也此本誤惰世今改正案今爾雅釋言惰作怠

士章第五

惟一咎十爲士　毛本惟作推咎作合案毛本是也

故禮辨名記曰　閩本監本毛本辨作辯下今辨同案禮記月令孟夏正義引作辯名記白虎通

作別名記

言事父非愛與敬也石臺本岳本閩本監本毛本非作兼不誤

又言事士之道監本士作主亦誤閩本毛本作上

故愛敬双極也閩本監本双作雙毛本作雙案毛本是也

廣雅曰位涖也正誤云廣雅作涖蒞也案浦鏜所據乃俗本不知位涖取同聲之字爲訓王念孫廣雅疏證云各本涖下脫去也字遂與下條合而爲一孝經正義可據也

孝經注疏卷二挍勘記終

新建生員杜鰲挍

# 孝經注疏卷第三

邢昺注疏

## 庶人章第六

疏 正義曰庶者衆也謂天下衆人也皇侃云不言衆民者兼包府史之屬通謂之庶人也嚴植之以爲士有員位人無限極故士以下皆爲庶人

**用天之道** 春生夏長秋斂冬藏舉事順時此用天道也 **分地之利** 分別五土視其高下各盡所宜此分地利也 **謹身節用以養父母** 身恭謹則遠恥辱用節省則免飢寒公賦既充則私養不闕 **此庶人之孝也** 庶人爲孝唯此而已

疏 用天至孝也○正義曰夫子上述士之行孝已畢次明庶人之行孝也言庶人服田力穡當須用天之四時生成之道也分地五土所宜之利謹慎其身節省其用以供養其父母此則庶人之孝也援神契云庶人行孝曰畜以畜養爲義言能躬耕力農以畜其德而養其親也○注春生至道也○正義曰云春生夏長秋斂冬藏者此依鄭注也爾雅釋天云春爲發生夏爲

長毓。秋爲收成冬爲安寧安寧卽閉藏之義也云舉事順時此用天之道也者謂舉農畝之事順四時之氣春生則耕種夏長則耘苗秋收則穫刈冬藏則入廩也○注分別至利也正義曰云分別五土視其高下者此依鄭注也案周禮大司徒云五土一曰山林二曰川澤三曰丘陵四曰墳衍五曰原隰謂庶人須能分別視此五土之高下隨所宜而播種之則職方氏所謂青州其穀宜稻麥雍州其穀宜黍稷之類是也云各因其所宜此分地利也者此依孔傳也劉炫云黍稷生於陸菰稻生於水○注身恭至不闕正義曰云身恭謹則遠恥辱者論語曰恭近於禮遠恥辱也云用節省則免飢寒者用謂庶人衣服飲食喪祭之用當須節省禮記曰食節事時又曰庶人無故不食珍及三年之耕必有一年之食九年耕必有三年之食以三十年之通雖有凶旱水溢民無菜色是免飢寒也云公賦既充則私養不闕者賦者自上稅下之名也謂常省節財用公家賦稅充足而私養父母不闕乏也孟子稱周人百畝而徹其實皆什一也劉熙注云家耕百畝徹取十畝以爲賦也又云公事畢然後敢治私事是也○注庶人至而已○正義曰此依魏注也案天子諸侯卿大夫士皆言蓋而庶人獨言此注釋言此之意也謂天子至士孝行廣大其章略述宏綱所以言蓋也庶人用天分地謹身節用其

孝行已盡故曰此言惟此而已庶人不引詩者義盡於此無贅諸也

**故自天子至於庶人孝無終始而患不及者未之有也**始自天子終於庶人尊卑雖殊孝道同致而患不能及者未之有也言無此理故曰未有

（疏）故自至有也○正義曰夫子述天子諸侯卿大夫士庶人行孝畢於此總結之則有五等尊卑雖殊至於奉親其道不別故從天子已下至於庶人其孝道則無終始貴賤之異也或有自患已身不能及於孝未之有也自古及今未有此理蓋是勉人行孝之辭也○注始自至未有○正義曰云始自天子終於庶人者謂五章以天子爲始庶人爲終也云尊卑雖殊孝道同致者謂天子庶人尊卑雖別至於行孝其道不殊天子須愛親敬親諸侯須不驕不溢卿大夫於言行無擇士須資親事君庶人謹身節用各因心而行之斯至豈藉創物之智扛鼎之力若率。強之無不及也云而患不能及者未之有也者此謂人無貴賤尊卑行孝之道同致若各率其已分則皆能養親言患不及於孝者未有也。說孝道包含之義廣大塞乎天地橫乎四海經言孝無終始謂難備終始但不致毀傷立身行道安其親忠於君一事可稱則行成名立不必終始皆備也此言行孝甚易無不及之理故非孝道不終始致必反之患也云言無此理故曰未有者此釋未之有之意也謝萬以爲無終始恒患不及未之有者少賤之辭也劉瓛云禮不下庶人若言我賤而患行孝不及已者未之有也此但得憂不及之理而失於歎少賤之義也鄭曰諸家皆以爲患及身今注以爲自患不及將有說乎荅曰案說文云患憂也廣雅曰患惡也又若案注說釋不及之義凡有四焉大意皆謂有患貴賤行孝無及之憂非以患爲禍也經傳之稱患者多矣論語不患人之不已知又曰不患無位又曰不患寡而患不均左傳曰宣子患之皆是憂惡之辭也惟蒼頡篇謂患爲禍孔鄭韋王之學引之以釋此經故皇侃曰無始有終謂改悟之善惡禍何必及之則無始之言已成空設也禮祭義曾子說孝曰衆之本教曰孝其行曰養養可能也敬爲難敬可能也安爲難安可能也卒爲難父母既沒愼行其身不遺父母惡名可謂能終矣夫以曾參行孝親承聖人之意至於能終孝道尚以爲難則寡能無識固非所企也今爲行孝不終禍患必及此人偏執詎謂經通鄭曰書云天道福善禍淫又曰惠迪吉從逆凶惟影響斯則必有災禍何得稱無也荅曰來問指淫凶悖慝之倫經言戒不終善美之輩論語曰今之孝者是謂能養曾子曰參直養者也安能爲孝乎又此章云以養父母此庶人之孝也儻有能養

而不能終只可未爲具美無宜即同淫慝也古今凡庸詎識孝道但使能養安知始終若今皆及於灾便是比屋可貽禍矣而當朝通識者以爲鄭注非誤故謝萬云言爲人無終始者謂孝行有終始也患不及者謂用心憂不足也能行如此之善曾子所以稱難故鄭注云善未有也諦詳此義將謂不然何者孔聖垂文包於上下盡力隨分寧限高卑則因心而行無不及也如依謝萬之說此則常情所昧矣子夏曰有始有卒者其惟聖人乎若施化惟待聖人千載方期一遇加於百姓刑於四海乃爲虛說者與制有曰嗟乎孝之爲大若天之不可逃也地之不可遠也朕窮五孝之説人無貴賤行無終始未有不由此道而能立其身者然則聖人之德豈云遠乎我欲之而斯至何患不及於己者哉

## 三才章第七

〔疏〕正義曰天地謂之二儀兼人謂之三才曾子見夫子陳說五等之孝既畢乃發歎曰甚哉孝之大也夫子因其歎美乃爲說天經地義人行之事可教化於人故以名章次五孝之後

曾子曰甚哉孝之大也 參聞行孝無限高卑始知孝之爲大也 子曰

夫孝天之經也地之義也民之行也經常也利物爲義孝爲百行之首人之常德若三辰運天而有常五土分地而爲義也天地之經而民是則之天有常明地有常利言人法則天地亦以孝爲常行也則天之明因地之利以順天下是以其教不肅而成其政不嚴而治法天明以爲常因地利以行義順此以施政教則不待嚴肅而成理也

〔疏〕曾子曰至而治○正義曰夫子述上從天子下至庶人五等之孝後摠以結之語勢將畢欲以更明孝道之大無以發端特假曾子歎孝之大更以彌大之義告之也曰夫孝天之經地之義民之行經常也人生天地之間稟天地之氣節人之所法是天地之常義也聖人司牧黔庶故須則天之常明因依地之義利以順行於天下是以其爲教也不待肅戒而成也其爲政也不假威嚴而自理也○注參聞至大也○正義曰高謂天子卑謂庶人言曾參既聞夫子陳說天子庶人皆當行孝始知孝之爲大也○注經常至義也○正義曰云經常也利物爲義者經常即書傳通訓也易文言曰利物足以和義是利物爲義也

云孝爲百行之首人之常德者鄭注論語云孝爲百行之本言人之爲行莫先於孝案周易曰常其德貞孝是人所常德也云若三辰運天謂日月星以時運轉於天釋名云土者吐也言吐生萬物周禮五土十地之利言孝爲百行之首是人生有常之德若日月星辰運行於天而有常山川原隰分別土地而爲利則知貴賤雖別必資孝以立身皆貴法則於天地然此經全與左傳鄭子大叔荅趙簡子問禮同其與一兩字而已明孝之與禮其義同○注天有至行也○正義曰云天有常明者謂日月星辰明臨於下紀於四時人事則之以夙興夜寐無忝爾所生故下文云則天之明也云地有常利者謂山川原隰動植物產人事因之以晨羞夕膳也色養無違故下文云因地之利也此皆人能法則天地以爲孝行者故云亦以孝爲常行也上云天之經地之義此云天地之經而不言義者爲地有利物之義亦是天常也若分而言之則爲義合而言之則爲常也○注法天至理也○正義曰云法天明以爲常因地利以行義者上文云夫孝天之經地之義者故云法天明以爲常釋天之明也因地利以爲義釋地之利也云順此以施政教則不待嚴肅而成理也者經云其教不肅而成其政不嚴而治注則以政教相就而明之嚴肅相連而釋之從便宜省也制旨曰天無立極之統無以常其明

地無立極之統無以常其元缺十一字利人無立身之本無以常其德然則三辰迭運而一以經之者天利之性也五土分植而一以宜之者大順之理也百行殊塗而一致之者大中之要也夫愛始於和而敬生於順是以因和以教愛則易知而有親因順以教敬則易從而有功愛敬之化行而禮樂之政備矣聖人則天之明以爲經因地之利以行義故能不待嚴肅而成可久可大之業焉

先王見教之可以化民也見因天地教化人之易也

是故先之以博愛而民莫遺其親君愛其親則人化之無有遺其親者

陳之於德義而民興行陳說德義之美爲衆所慕則人起心而行之

先之以敬讓而民不爭君行敬讓則人化而不爭

導之以禮樂而民和睦禮以檢其跡樂以正其心則和睦矣

示之以好惡而民知禁示好以引之示惡以止之則人知有禁令不敢犯也

〔疏〕先王至知禁〇正義曰言先王見因天地之常不肅不嚴之政教可以率先化下人也故須身行博愛之道以率先之則人漸

其風教無有遺其親者於是陳說德義之美以順教誨人則人起心而行之也先王又以身行敬讓之道以率先之則人漸其德而不爭競也又導之以禮樂之教正其心迹則人被其教自和睦也又示之以好者必愛之惡者必討之則人見之而知國有禁也○注見因至易也○正義曰此依鄭注也○言先王見天明地利有益於人因之以施化行之甚易也○注君愛至親者○正義曰此依王注也言君行博愛之道則人化之皆能行愛敬無有遺忘其親者即天子章之愛敬盡於事親而德教加於百姓是也○注陳說至行之○正義曰易稱君子進德脩業又論語云義以爲質又左傳說趙衰薦郤縠云說禮樂而敦詩書詩書義之府也禮樂德之則也德義利之本也且德義之利是爲政之本也言大臣陳說德義之美是天子所重爲羣情所慕則人起發心志而效行之○云注君行至不爭○正義曰此依魏注也案禮記鄉飲酒義云先禮而後財則民作敬讓而不爭矣言君身先行敬讓則天下之人自息貪競也○注禮以至睦矣○正義曰此依魏注也案禮記云樂由中出禮自外作中謂心在其中也外謂跡見於外也由心以出者宜聽樂以正之自跡以見者當用禮以檢之　檢之謂檢束也言心跡不違於禮樂則人當自和睦也○注示好至犯也○正義曰云示好以引之示惡以止

之者案樂記云先王之制禮樂也將以教民平好惡而反人道之正也故示有好必賞之令以引喻之使其慕而歸善也示有惡必罰之禁以懲止之使其懼而不爲也云則人知有禁令不敢犯也者謂人知好惡而不犯禁令也

**詩云赫赫師尹民具爾瞻**

赫赫明盛貌也尹氏爲太師周之三公也義取大臣助君行化人皆瞻之也

〔疏〕詩云至爾瞻○正義曰夫子既述先王以身率下先及大臣助君行化之義畢乃引小雅節南山詩以證成之赫赫明盛之貌也是太師尹氏也言助君行化爲人模範故人皆瞻之○注赫赫至之也○正義曰赫赫明盛貌也尹氏爲太師周之三公也者此毛傳文太師太傅太保是周之三公尹氏時爲太師故曰尹氏也云義取大臣助君行化人皆瞻之也者引詩大意如此孔安國曰具皆也爾女也古語或謂人具爾瞻則人皆瞻女也此章再言先之是吾身行率先於物也陳之道之示之是大臣助君爲政也案大戴禮云昔者舜左禹而右皐陶不下席而天下大治夫政之不中君之過也政之既中令之不行職事者之罪也後引周禮稱三公無官屬與王同職坐而論道又案尚書益稷篇稱帝曰吁臣哉鄰哉鄰哉臣哉又曰臣作朕股肱耳目孔傳曰言君臣道近相須而成言大體若身君任股肱臣

戴元首之義也故禮緇衣稱上好是物下必有甚者矣故上之好惡不可不慎也是民之表也詩云赫赫師尹民具爾瞻甫刑曰一人有慶兆民賴之緇衣之引詩書是明下民從上之義師尹大臣也一人天子也謂人君爲政有身行之者有大臣助行之者人之從上非惟從君亦從論道之大臣故并引以結之也此章上言先王下引師尹則知君臣同體相須而成者謂此也皇侃以爲無先王在上之詩故斷章引大師之什今不取也

孝經注疏卷第三

盧氏宣旬校定

大清嘉慶二十年重栞
宋本用文選樓藏本校

掌福建道監察御史武寧盧浙栞

孝經注疏卷三挍勘記　阮元撰盧宣旬摘錄

孝經注疏卷第三

庶人章第六

案即府吏之屬也　閩本監本毛本案即作兼包吏作史是

爵列之以爲士有員位也　閩本監本毛本爵列作嚴植是

人謂衆民　閩本監本毛本作人無限極

故士以下以爲庶人　閩本監本毛本下以字作皆是也

秋斂冬藏　石臺本作秋收鄭注本同案正義云此依鄭注也則當作秋收岳本改爲秋斂非此作斂歛歛乃正俗字

四事順時　石臺本岳本閩本監本毛本四作舉是也此本正義亦誤作四

原隰之宜　石臺本岳本閩本監本毛本作各盡所宜是也

用節省則兄飢寒　石臺本岳本閩本監本毛本兄作免不誤閩監毛本飢作饑案當作飢

公賦時充　石臺本岳本閩本監本毛本時作既不誤岳本充改足監本誤充

則篤養不闕矣　石臺本岳本閩本監本毛本篤作私矣是衍文

庶人之孝　石臺本岳本閩本監本毛本之作爲是也

止此而已　石臺本岳本閩本監本毛本止作唯案正義正作唯

用人至孝也　閩本監本毛本人作天不誤

言庶人服田力釋　閩本毛本釋作穡是也

謹身其道　閩本毛本身作慎閩監毛本道作身是也

節省用而以供養其父母　閩本監本毛本省下有其字無而字

以畜養爲事　閩本監本毛本事作義

秋斂冬藏孝　閩本監本毛本孝作者是案鄭注本作秋收此作秋斂非也

此四事順時天道也天云　閩本監本毛本四事順時天道也作依鄭注也爾雅釋不誤

夏爲長統　閩本監本毛本統作毓案爾雅作贏釋文云本亦作贏

秋爲收斂　案爾雅斂作成

冬爲肅殺　閩本監本毛本肅殺作安寧是也

安養閉藏地之義也　閩本監本毛本養作寧即無地字是也

云四事順時　閩本監本毛本四作舉案當作舉

謂服百畝之事　閩本監本毛本服百作舉農是也

春三則爲種 閩本監本毛本三作生爲作耕不誤

夏長則秐苗 閩本監本毛本秐作芸案說文䅽字注云除苗閒穢也或从芸作秐今字省艸作秐閩本以下作芸非也

秋收則獲刈 閩本獲作穫是也 刈字閩監毛本改割

冬藏則入稾也 閩本監本毛本稾作廩

此依魏注也 閩本監本毛本魏作鄭案分別五土視其高下見大平御覽卷三十六初學記卷五唐司馬貞議及釋文所引皆云鄭注此本作魏注非是

其種宜稻粱 閩本監本毛本種作穀粱閩本毛本作粱案作粱亦非周禮作麥

此分地之利者也 閩本監本毛本作也者此本誤倒今改正

此依本傳也 閩本監本毛本作孔不誤

則免飢寒者監本毛本飢改饑下同

庶人無故不食珍閩本監本毛本作食珍是也此本誤合吻今改正

淡三年之排閩本監本毛本淡作及排作耕不誤

以三年繼之通也閩本監本毛本三下有十字無繼字是

民無采色閩本監本毛本采作菜案古多以采爲菜

二年賦用足閩本監本毛本二年作云公用作既毛本足作充是也閩本毛本誤克

則私養不闕者閩本監本毛本作養不闕此本誤力於下今改正

謂常省節財用閩本監本毛本作常省節財用此本誤黨有庠然後今改正

公家取稅亦足閩本監本毛本取作賦亦作充是也

而私養父母不闕之也監本毛本之作乏是也

孟子曰 閩本監本毛本曰作稱非

劉熙注云 正誤劉熙作趙岐是也

又云公事已案方敢迨私事是也 閩本監本毛本已案方作畢然後迨作治不誤

此言惟此而已 閩本監本毛本惟作唯與注文合

無贊諸也 閩本監本毛本贊諸作賛詞不誤

故從天子已下 閩本監本毛本已作以

枉鼎之力 閩本監本毛本枉作扛是也

若率強之無不及也 段玉裁云率當作𢂷

說孝道包含之義 浦鏜云說上當脫禮記二字

劉獻云 閩本監本毛本獻作瓛

諸家皆以爲惠及身 閩本監本毛本惠作患不誤

惡禍可必及之 閩本監本毛本可作何

是謂能食 閩本監本毛本食作養是也

十載方期一遇 閩本監本毛本十作千是也

制有曰文志 案有當作旨唐元宗孝經制旨一卷見唐書藝

三才章第七

人之常德 石臺本常作恒岳本同案作常避宋諱正義引易恆其德貞作常其德貞皆仍宋刻之舊

其政不嚴而治 石臺本治作治避唐高宗諱

孝是人所常德也 正誤所作之

明臨於下　正誤明作照是也

以晨羞夕膳也　正誤也作而屬下讀

無以常其利　此本其字下空十一字非也

天利之性也　閩本監本天作夫亦誤毛本作大

人之易也　鄭注本人作民正義云此依鄭注也則當作民　案注作人避唐太宗諱

禮以檢其跡　毛本檢作撿避所諱正義同下仿此

故須身行傳愛之道　閩本監本毛本傳作博是也

又道之以禮樂之教　閩本監本毛本道作導

又論語曰義以爲質　按論語釋文出爲質云一本作君子義以爲質此與釋文合

當用禮以檢之　此本之下空一字非也

先及大臣　正誤先作次

古語或謂人具爾瞻　浦鏜云古語或謂四字疑衍文下句則疑謂字之誤

陳之道之示之　閩本監本毛本道作導是也

臣哉鄰哉臣哉鄰哉　閩本監本毛本下臣鄰字作鄰臣是也

言大體若身　正誤大作同是也

孝經注疏卷三挍勘記終

新建生員杜蘩挍

# 孝經注疏卷第四

## 孝治章第八

邢昺注疏

〔疏〕正義曰夫子述此明王以孝治天下也前章明先王因天地順人情以爲教此章言明王由孝而治故以名章次三才之後也

**子曰昔者明王之以孝治天下也**言先代聖明之王以至德要道化人是爲孝理**不敢遺小國之臣而況於公侯伯子男乎**小國之臣至卑者耳主尚接之以禮況於五等諸侯是廣敬也**故得萬國之懽心以事其先王**萬國舉其多也言行孝道以理天下皆得懽心則各以其職來助祭也

〔疏〕子曰至先王○正義曰此章之首稱子曰者爲事訖更別起端首故也言昔者聖明之王能以孝道治於天下大教接物故不敢遺小國之臣而況於五等之君乎言必禮敬之明王能如此故得萬國之懽心謂各脩其德盡其懽心而來助祭

以事其先王經先王有六焉一曰先王有至德二曰非先王之法服三曰非先王之法言四曰非先王之德行五曰先王見教之此皆指先代行孝之王此章云以事其先王則指行孝王之考祖○注言先至孝理○正義曰此釋孝治之義也國語云古曰在昔昔曰先民尚書洪範云睿作聖左傳照臨四方曰明昔者非當時代之名明王則聖王之稱也是汎指前代聖王之有德者經言明王還指首章之先王也以代言之謂之先王以聖明言之則爲明王事義相同故注以至德要道釋之○注小國至敬也○正義曰此依王注義也五等諸侯則公侯伯子男舊解云公者正也言正行其事侯者侯也言斥侯而服事伯者長也爲一國之長也子者字也言字愛於小人也男者任也言任王之職事也爵則上皆勝下若行事亦互相通舜典曰輯五瑞孔安國曰舜斂公侯伯子男之瑞圭璧斯則堯舜之代已有五等諸侯也論語云殷因於夏禮周因於殷禮案尚書武成篇云列爵惟五分土惟三鄭注王制云殷所因夏爵三等之制也是有公侯伯而無子男武王增之摠建五等時九州界狹故土惟三等則王制云公侯方百里伯七十里子男五十里至周公攝政斥大九州之界增諸侯之大者地方五百里侯四百里伯三百里子二百里男百里然據鄭玄夏殷不建子男武王復增之也案五等公

爲上等侯伯爲次等子男爲下等則小國之臣謂子男卿大夫況此諸侯則至卑也曲禮云列國之大夫入天子之國曰某士諸侯言列國者兼小大是小國之卿大夫有見天子之禮也言雖至卑盡來朝聘則天子以禮接之案周禮掌客云王公饔餼九牢飧五牢侯伯饔餼七牢飧四牢子男饔餼五牢飧三牢三等其五等之介行人宰史皆有飧饔餼唯上介有禽獻其卿大夫士有特來聘問者則待之如其爲介時也是待諸侯及其臣之禮是皆廣敬之道也○注萬國至祭也○正義曰云萬國舉其多也者此依魏注也詩書之言萬國者多矣亦猶言萬方是舉多而言之不必數滿於萬也皇侃云春秋稱禹會諸侯於塗山執玉帛者萬國言禹要服之內地方七千里而置九州九州之中有方百里七十里五十里之國計有萬國也因引王制殷之諸侯有千七伯七十三國也孝經稱周諸侯有九千八百國所以證萬國爲夏法也信如此説則周頌云綏萬邦六月云萬邦爲憲豈周之代復有萬國乎今不取也云言行孝道以理天下皆得懽心則各以其職來助祭也者言明王能以孝道理於天下則得諸侯之懽心以事其先王也各以其職來祭者謂天下諸侯各以其所職貢來助天子之祭也和者禮器云大饗其王事與注云盛其饌與貢謂祫祭先王又云三牲魚腊四海九州之美味也籩

豆之薦四時之和氣也注云此饌諸侯所獻又云内金示和也注云此所貢也内之庭實先設之今從革性和荆楊二州貢金三品又云束帛加璧尊德也注云貢享所執致命者君子於玉比德焉又云龜爲前列先知也注云龜知事情者陳於庭在前荆州納錫大龜又云金次之見情也注云金炤物金有兩義先入後設又云丹漆絲纊竹箭與衆共財也注云萬民皆有此物荆州貢丹兗州貢漆絲豫州貢纊楊州貢篠簜又云其餘無常貨各以國之所有則致遠物也注云其餘謂九州之外夷服鎮服蕃服之國周禮九州之外謂之蕃國世一見各以其所貴寶爲贄周穆王征犬戎得白狼白鹿近之大傳云遂率天下諸侯執豆籩駿奔走又周頌曰駿奔走在廟此皆助祭者也

**治國者不敢侮於鰥寡而況於士民乎**理國謂諸侯也鰥寡國之微者君尚不敢輕侮況知禮義之士乎

**故得百姓之懽心以事其先君**諸侯能行孝理得所統之懽心則皆恭事助其祭享也

【疏】治國者至先君○正義曰此說諸侯之孝治也言諸侯以孝道治其國者尚不敢輕侮於鰥夫寡婦而況於知禮義之士民乎亦言必不輕侮也以此故得其國内百姓懽悅以事其先君也

○注理國至士乎○正義曰：云理國謂諸侯也者，此依魏注也。案周禮云體國經野，詩曰生此王國，是其天子亦言國也。易曰先王以建萬國親諸侯，是諸侯之國。上言明王理天下，此言理國，故知諸侯之國也。云鰥寡國之微者，君尚不敢輕侮者，案王制云老而無妻者謂之鰥，老而無夫者謂之寡，此天民之窮而無告者也，則知鰥夫寡婦是國之微賤者也。言微賤之者國君尚不輕侮，況知禮義之士乎。釋經之士民。詩云彼都人士，左傳曰多殺國士，此皆況惜有知識之人，不必居官授職之士。舊解士知義理，又曰士丈夫之美稱，故注言知禮義之士乎，謂民中知禮義者。○注諸侯至享也○正義曰：云諸侯能行孝理，得所統之懽心者，此言諸侯孝治其國，得百姓之懽心也。一國百姓皆是君之所統理，故以所統言之。孔安國曰亦以相統理是也。云則皆恭事助其祭享也者，祭享謂四時及禘祫也，於此祭享之時，所統之人則皆恭其職事，獻其所有以助於君，故云助其祭享也。

**治家者不敢失於臣妾，而況於妻子乎？**理家謂卿大夫。臣妾，家之賤者；妻子，家之貴者。**故得人之懽心，以事其親。**卿大夫位以材進，受祿養親，若能孝理其家，則得小大之懽心，助其奉養。〔疏〕

治家者至其親○正義曰說卿大夫之孝治也言以孝道理治其家者不敢失於其家臣妾賤者而況於妻子之貴者乎言必不失也故得其家之懽心以承事其親也○注理家至貴者○正義曰云理家謂卿大夫者此依鄭注也案下章云大夫有爭臣三人雖無道不失其家禮記王制曰上大夫卿則知治家謂卿大夫云臣妾家之賤者案尚書費誓曰竊馬牛誘臣妾孔安國云誘偷奴婢既以臣妾爲奴婢是家之賤者也云妻子家之貴者案禮記哀公問於孔子孔子對曰妻者君之主也敢不敬與子者親之後也敢不敬與是妻子家之貴者也○注卿大夫至奉養○正義曰云卿大夫位以材進者案毛詩傳曰建邦能命龜田能施命作器能銘使能造命升高能賦師旅能誓山川能說喪紀能誄祭祀能語君子能此九者可謂有德音可以爲大夫是位以材進也云受祿養親者若能孝理其家則受其所禀之祿以養其親云若能孝理其家則得小大之懽心者謂小大皆得其懽心小謂臣妾大謂妻子也云助其奉養者案禮記内則稱子事父母婦事舅姑曰以雞初鳴咸盥漱以適父母舅姑之所問衣燠寒饘酏酒醴芼羮菽麥蕡稻黍粱秫唯所欲棗栗飴蜜以甘之父母舅姑必嘗之而後退此皆奉養事親也天子諸侯繼父而立故言先王先君也大夫唯賢是授居位之時或有俸祿

以逮於親故言其親也注順經文所以言助其奉養此謂事親生之義也若親以終没亦當言助其祭祀也明王言不敢遺小國之臣諸侯言不敢侮於鰥寡大夫言不敢失於臣妾者劉炫云遺謂意不存録侮謂忽慢其人失謂不得其意小國之臣位卑或簡其禮故云不敢遺也鰥寡人中賤弱或被人輕侮欺陵故曰不敢侮也臣妾營事產業宜須得其心力故云不敢失也明王況公侯伯子男諸侯況士民卿大夫況妻子者以王者尊貴故況列國之貴者諸侯差卑故況國中之卑者以五等皆貴故況其卑也大夫或事父母故況家人之貴者也

**夫然故生則親安之祭則鬼享之**夫然者。上孝理皆得懽心則存安其榮没享其祭**是以天下和平災害不生禍亂不作**上敬下懽存安没享人用和睦以致太平則灾害禍亂無因而起**故明王之以孝治天下也如此**言明王以孝為理則諸侯以下化而行之故致如此福應

【疏】夫然至如此○正義曰此摠結天子諸侯卿大夫之孝治也言明王孝治其下則諸侯以下各順其教皆治其國家也如此各得懽心親若存則安其孝養没則享其祭祀故得和氣降生感

動昭昧是以普天之下和睦太平災害之萌不生禍亂之端不起此謂明王之以孝治天下也能致如此之美○注夫然者至其祭○正義曰云夫然者然上孝理皆得懽心者此謂明王諸侯大夫能行孝治皆得其懽心也云則存安其榮者釋生則親安之云沒享其祭者釋祭則鬼享之也○注上敬至而起○正義曰此釋天下和平以皆由明王孝治之所致也皇侃云天反時爲災謂風雨不節地反物爲妖妖即害物謂水旱傷禾稼也善則逢殃爲禍臣下反逆爲亂也○注言明至福應○正義曰云言明王以孝爲理則諸侯以下化而行之者案上文有明王諸侯大夫三等而經獨言明王孝治如此者言由明王之故也則諸侯以下奉而行之而功歸於明王也云故致如此福應者福謂天下和平應謂災害不生禍亂不作

**詩云有覺德行四國順之** 覺大也義取天子有大德行則四方之國順而行之

**疏** 詩云至順之○正義曰夫子述昔時明王孝治之義畢乃引大雅抑篇讚美之也言天子身有至大德行使四方之國皆順而行之○注覺大至行之○正義曰云覺大也此依鄭注也故詩箋云有大德行則天下順從其化是以覺爲大也云義取天子有大德行則四方之國順而行之者言引詩之大意如此也

卷終

孝經注疏卷四挍勘記　阮元撰盧宣旬摘錄

孝經注疏卷第四

孝治章第八

言先代聖明之王 石臺本王作主

主㑹接之以禮 岳本閩本監本毛本主作王

故得萬國之懽心 鄭注本作歡此正義本則作懽萬石臺本作万注同按唐人千萬字多作万

萬國舉其多也 岳本多改作大數非是

皆得歡心 石臺本岳本毛本歡作懽是也

則指行孝王之考祖 正誤作祖考

古曰在昔曰先民 正誤重昔字依國語增也

還指首章之先王也　閩本監本毛本作指此本誤有今改正

王公饔餼九牢　案周禮掌客王作上

飱五牢　案當作飧从夕从食下同

子男饔五牢　案五上脱餼字當依周禮補

唯上介有禽獸　閩本監本毛本作上此本誤㐀今改正案周禮獸作獻

有千七伯七十三國也　閩本監本毛本伯作百案禮記作百

和者禮器云　正誤和作知

荆楊二州貢金三品　閩本監本毛本楊作揚段玉裁云今人多作揚从才攷廣雅云楊揚也毛詩王風揚之水釋文云或作楊然則毛傳楊激揚也正廣雅之所本而郭忠恕佩觿曰楊楖也亦州名是郭所據書作楊後人因江南其氣燥勁厥性輕揚之云改爲揚州不知古今字多假借所重惟音則州名當依

古從木也

楊州貢篠蕩　閩本毛本篠蕩作篠簜是也監本篠作篠不成字案說文作筱隷變篠陸德明釋文云簜或作蕩

理國謂諸侯也　案經作治注作理避所諱

則皆恭事助其祭享也　石臺本享作亨

言微賤之者　正誤作言國之微者又云下國字衍

此皆況惜有知識之人　閩本監本毛本況惜作說指

妻者君之主也　正誤君作親是也

簀稍　案禮記作蕢諸本從竹非也

黍粱　毛本梁作粱不誤

若親以終没浦鏜云以當巳字之誤非也

故況列國之貴者閩本監本毛本作列此本誤則今改正

祭則鬼享之石臺本享作亨注同案亨通之亨亨飪之亨獻享之享古多作亨

上孝理皆得懽心閩本監本毛本同石臺本岳本作然上孝理正義同

讚或之也閩本監本毛本作贊美之也

使四方之國正誤使作則

孝經注疏卷四挍勘記終

新建生員杜鰲挍

# 孝經注疏卷第五

## 聖治章第九

邢昺注疏

〔疏〕正義曰此言曾子聞明王孝治以致和平因問聖人之德更有大於孝否夫子因問而說聖人之治故以名章次孝治之後

曾子曰敢問聖人之德無以加於孝乎參聞明王孝理以致和平又問聖人德教更有大於孝不。子曰天地之性人爲貴貴其異於萬物也人之行莫大於孝孝者德之本也孝莫大於嚴父萬物資始於乾人倫資父爲天故孝行之大莫過尊嚴其父也嚴父莫大於配天則周公其人也謂父爲天雖無貴賤然以父配天之禮始自周公故曰其人也〔疏〕曾子至其人也。正義曰夫子前說孝治天下能致災害不生禍亂不作是言德行之大也將言聖德之廣不過於孝無以發端故又假曾子之問曰聖人之德更有加於孝乎乎猶否也夫子承問而釋之曰天地之性人爲貴性生也言天地之所生唯人最貴也人之所行者莫有大於孝行也孝行之大者莫有大於尊嚴其父也嚴父之大者莫有大於以父配天而祭也言以父配天而祭之者則文王之子成王叔父周公是其人也○注貴其至物也○正義曰此依鄭注也夫稱貴者是殊異可重之名案禮運曰人者五行之秀氣也尚書曰惟天地萬物父母惟人萬物之靈是異於萬物也○注萬物至父也正義曰云萬物資始於乾者易云大哉乾元萬物資始是也云人倫資父爲天者曲禮曰父之讎弗與共戴天鄭玄曰父者子之天也殺己之天與共戴天非孝子也杜預左氏傳曰婦人在室則天父出則天夫是人倫資父爲天也云故孝行之大莫過尊嚴其父也者尊謂崇也嚴敬也父既同天故須尊嚴其父是孝行之大也○注謂父至人也○正義曰云謂父爲天雖無貴賤者此將釋配天之禮始自周公故先張此文言人無限貴賤皆得謂父爲天也云然以父配天之禮始自周公故曰其人也者但以父配天徧檢羣經更無殊說案禮記有虞氏尚德不郊其祖夏殷始尊祖於郊無父配天之禮也周公大聖而首行之禮無二尊既以后稷配郊天不可又以文王配之五帝天之別名也因享明堂而以文王配之

是周公嚴父配天之義也亦所以申文王有尊祖之禮也經稱周公其人注順經旨故曰始自周公也

昔者周公郊祀后稷以配天

后稷周之始祖也郊謂圜丘祀天也周公攝政因行郊天之祭乃尊始祖以配之也

宗祀文王於明堂以配上帝

明堂天子布政之宮也周公因祀五方上帝於明堂乃尊文王以配之也

是以四海之內各以其職來祭

君行嚴配之禮則德教刑於四海海內諸侯各脩其職來助祭也

夫聖人之德又何以加於孝乎

言無大於孝者

（疏）昔者至孝乎○正義曰前陳周公以父配天因言配天之事自昔武王既崩成王年幼即位周公攝政因行郊天祭禮乃以始祖后稷配天而祀之因祀五方上帝於明堂之時乃尊其父文王以配而享之尊父祖以配天崇孝享以致敬是以四海之內有土之君各以其職貢來助祭也既明聖治之義乃揔其意而荅之也周公聖人首爲尊父配天之禮以極於孝敬之心則夫聖人之德又何以加於孝乎是言無以加也○注后稷至配之○正義曰云后稷周公之始祖也者案周本紀云后稷名棄其母有郃氏女曰

姜原爲帝嚳元妃出野見巨人跡心忻然欲踐之踐之而身動如孕者居期而生子以爲不祥棄之隘巷馬牛過者皆辟不踐徙置之林中適會山林多人遷之而棄渠中冰上飛鳥以其翼覆薦之姜嫄以爲神遂收養長之初欲棄之因名曰棄棄爲兒好種樹麻菽及爲成人遂好耕農帝堯舉爲農師天下得其利有功帝舜曰棄黎民阻飢爾后稷播時百穀封棄於邰號曰后稷后稷曾孫公劉復脩其業自后稷至王季十五世而生文王受命作周案毛詩大雅生民之序曰生民尊祖也后稷生於姜嫄文武之功起於后稷故推以配天焉是也云郊謂圜丘祀天也者此孔傳文祀祭也祭天謂之郊周禮大司樂云凡樂圜鍾爲宮黃鍾爲角大蔟爲徵沽洗爲羽靁鼓靁鼗孤竹之管雲和之琴瑟雲門之舞冬日至於地上之圜丘奏之若樂六變則天神皆降可得而禮矣郊特牲曰郊之祭也迎長日之至也大報天而主日也兆於南郊就陽位也又曰郊之祭也大報本反始也言以冬至之後日漸長郊祭而迎之是建子之月則與經俱郊祀於天明圜丘南郊也云周公攝政因行郊天之祭乃尊始祖以配之也者案文王世子稱仲尼曰昔者周公攝政踐祚而治抗世子法於伯禽所以善成王也則郊祀是周公攝政之時也公羊傳曰郊則曷爲必祭稷王者必以其祖配王者則曷爲必以其祖

配自内出者無主不行自外至者無主不止言祭天則天神爲客是外至也須人爲主天神乃至故尊始祖以配天神侑坐而食之案左氏傳曰凡祀啓蟄而郊又云郊祭后稷以祈農事也而鄭注禮郊特牲乃引易說曰三王之郊一用夏正建寅之月也此言迎長日者建卯而晝夜分分而日長也然則春分而長短分矣此則迎在未分之前至謂春分之日也夫至者是長短之極也明分者晝夜均也分是四時之中啓蟄在建寅之月過至而未及分必於夜短方爲日長則左氏傳不應言啓蟄也若以日長有漸郊可預迎則其初長宜在極短之日故知傳啓蟄之郊是祈農之祭也周禮冬至之郊是迎長日報本反始之祭也鄭玄以祭法有周人禘嚳之文遂變郊爲祀感生之帝謂東方青帝靈威仰周爲木德威仰木帝以駮之曰案爾雅曰祭天曰燔柴祭地曰瘞薶又曰禘大祭也謂五年一大祭之名又祭法祖有功宗有德皆在宗廟本非郊配若依鄭說以帝嚳配祭圜丘是天之最尊也周之尊帝嚳不若后稷今配青帝乃非最尊實乖嚴父之義也且徧窺經籍並無以帝嚳配天之文若帝嚳配天則經應云禘嚳於圜丘以配天不應云郊祀后稷也天一而已故以所在祭在郊則謂爲圜丘言於郊爲壇以象圜天圜丘即郊也郊即圜丘也其時中郎馬昭抗章固執當時勑博士張融質

之融稱漢世英儒自董仲舒劉向馬融之倫皆斥周人之祀
昊天於郊以后稷配無如玄說配蒼帝也然則周禮圜丘則
孝經之郊聖人因尊事天因卑事地安能復得祀帝嚳於圜
丘配后稷於蒼帝之禮乎且在周頌思文后稷克配彼天又
昊天有成命郊祀天地也則郊非蒼帝通儒同辭肅說爲長伏
以孝爲人行之本祀爲國事之大孔聖垂文固非臆說前儒
詮證各擅一家自頃脩撰備經斟覆究理則依王肅爲長從
衆則鄭義已久王義其聖證之論鄭義其於三禮義宗王鄭
是非於禮記其義文多卒難詳縷說此略據機要且舉二端
焉。注明堂至之也。正義曰云明堂天子布政之宮也者
案禮記明其二端注明堂朝諸侯于明堂之位天子負斧依
南鄉而立明堂也者明諸侯之尊卑也制禮作樂頒度量而
天下大服知明堂是布政之宮也云周公因祀五方上帝於
明堂乃尊文王以配之也者五方上帝即是上帝也謂以文
王配五方上帝之神侑坐而食也案鄭注論語云皇皇后帝
並謂太微五帝在天爲上帝分王五方爲五帝舊說明堂在
國之南去王城七里以近爲媟南郊去王城五十里以遠爲
嚴五帝卑於昊天所以於郊祀昊天於明堂祀上帝也其以
后稷配郊以文王配明堂義見於上也五帝謂東方青帝靈
威仰南方赤帝赤熛怒西方白帝白招拒北方黑帝汁光紀

中央黃帝含樞紐鄭玄云明堂居國之南南是明陽之地故
曰明堂案史記云黃帝接萬靈於明庭明庭即明堂也明堂
起於黃帝周禮考工記曰夏后氏世室殷人重屋周人明堂
先儒舊說其制不同案大戴禮云明堂凡九室一室而有四
戶八牖三十六戶七十二牖以茅蓋屋上圓下方鄭玄據援
神契云明堂上圓下方八牖四闥考工記曰明堂五室稱九
室者或云取象陽數也八牖者陰數也取象八風也三十六
戶取象六甲子之爻六六三十六也上圓象天下方法地八
牖者即八節也四闥者象四方也稱五室者取象五行皆無
明文也以意釋之耳此言宗祀於明堂謂九月大享靈威仰
等五帝以文王配之即月令云季秋大享帝注云徧祭五帝
以其上言舉五穀之要藏帝藉之收於神倉六月西方成事
終而報功也。注君行至祭也。正義曰云君行嚴配之禮
者此謂宗祀文王於明堂以配天是也云則德教刑於四海
海內諸侯各脩其職來助祭也者謂四海之內六服諸侯各
脩其職貢方物也案周禮大行人以九儀辨諸侯之命廟中
將幣三享又曰侯服貢祀物鄭云犧牲之屬甸服貢嬪物注
云絲枲也男服貢器物注云尊彝之屬也采服貢服物注云
玄纁絺纊也衛服貢材物注云八材也要服貢貨物注云龜
貝也此是六服諸侯各脩其職來助祭又若尚書武成篇云

丁未祀於周廟邦甸侯衛駿奔走執豆籩亦是助祭之義也

**故親生之膝下以養父母日嚴**

親猶愛也膝下謂孩幼之時也言親愛之心生於孩幼比及年長漸識義方則日加尊嚴能致敬於父母也

**聖人因嚴以教敬因親以教愛**

聖人因其親嚴之心敦以愛敬之教故出以就傅趨而過庭以教敬也抑搔癢痛懸衾篋枕以教愛也

**聖人之教不肅而成其政不嚴而治**

聖人順羣心以行愛敬制禮則以施政教亦不待嚴肅而成理也

**其所因者本也**

本謂孝也

【疏】故親至本也○正義曰此更廣陳嚴父之由言人倫正性必在蒙幼之年教之則明不教則昧言親愛之心生在其孩幼膝下之時於是父母則教示比及年長漸識義方則日加尊嚴能致敬於父母故云以養父母日嚴也是以聖人因其日嚴而教之以敬因其知親而教之以愛故聖人因之以施政教不待嚴肅自然成治也然其所因者在於孝也言本皆因於孝道也○注親猶至母也○正義曰云親猶愛也者嫌以親爲父母故云親猶愛也云膝下謂孩幼之時也者案內則云子生三月妻以子見於父父執子

之右手孩而名之案說文云孩小兒笑也謂指其頤下令之笑而爲之名故知膝下謂孩幼之時也云親愛之心生於孩幼之時也者言孩幼之時已有親愛父母之心生也云比及年長漸識義方則日加尊嚴能致敬於父母也者春秋左氏傳石碏曰臣聞愛子教之以義方方猶道也謂教以仁義合宜之道也其教之者案禮記內則子能飲食教以右手能言男唯女俞男鞶革女鞶絲六年教之數與方名七年男女不同席不共食八年出入門戶及即席飲食必後長者始教之讓九年教之數日又曲禮云幼子常視無誑立必正方不傾聽與之提攜則兩手奉長者之手負劒辟咡詔之則掩口而對注約彼文爲說故曰日加尊嚴言子幼而誨及長則能致敬其親也○注聖人至愛也○正義曰父子之道簡易則慈孝不接狎則怠慢生焉故聖人因其親嚴之心教以愛敬之教也云出以外○傳者案禮記內則云十年出就外傳居宿於外學書計鄭云外傳教學之師也謂年十歲出就外傳居宿於外就師而學也案十年出就外傳指命士已上今此引之則尊卑皆然也云趨而過庭以教敬也者言父之與子於禮不得常同居處也案論語云陳亢問於伯魚曰子亦有異聞乎對曰未也嘗獨立鯉趨而過庭曰學禮乎對曰未也不學禮無以立鯉退而學禮聞斯二者陳亢退而喜曰問一得三

聞詩聞禮又聞君子之遠其子也故注約彼文以爲說也云
抑搔癢痛懸衾篋枕以教愛者也者此並約内則文案彼云
以適父母舅姑之所及所下氣怡聲問衣燠寒疾痛苛癢而
敬抑搔之父母舅姑將坐奉席請何鄉將衽長者奉席請何
趾少者執牀與坐御者舉几斂席與簟懸衾篋枕斂簟而襡
之鄭注云須臥乃敷之也襡韜也是父母未寢故衾被則懸
枕則置篋中言子有近父母之道所以教其愛也夫愛以敬
生敬先於愛無宜待教而此言教敬愛者禮記樂記曰樂者
爲同禮者爲異同則相親異則相敬樂勝則流是愛深而敬
薄也禮勝則離是嚴多而愛殺也不教敬則不嚴不和親則
忘愛所以先敬而後愛也舊注取士章之義而分愛敬父母
之別此其失也○注聖人至理也○正義曰云聖人順羣心
以行愛敬者聖人謂明王也聖者通也稱明王者言在位無
不照也稱聖人者言用心無不通也順羣心者則首章以順
天下是也以行愛敬者則天子能愛親敬親者是也云制禮
則以施政教者則德教加於百姓是也云亦不待嚴肅而成
理也者蓋言王化順此而行也言亦者三才章已有成理之
言故云亦也○注本謂孝也○正義曰此依鄭注也首章云
夫孝德之本也制旨曰夫人倫正性在蒙幼之中導之斯通
雍之斯蔽故先王慎其所養於是乎有胎中之教膝下之訓

感之以惠和而日親焉期之以恭順而日嚴焉夫親也者緣乎正性而達人情者也故因其親嚴之心教以愛敬之範則不嚴而治不肅而成謂其本於先祖也

**父子之道天性也君臣之義也**父子之道天性之常加以尊嚴又有君臣之義**父母生之續莫大焉**父母生子傳體相續人倫之道莫大於斯**君親臨之之厚莫重焉**謂父爲君以臨於已恩義之厚莫重於斯

【疏】父子至重焉。正義曰此言父子恩親之情是天生自然之道父以尊嚴臨子子以親愛事父尊卑既陳貴賤斯位則子之事父如臣之事君易稱乾元資始坤元資生又論語曰子生三年然後免於父母之懷是父母生已傳體相續此爲大焉言有父之尊同君之敬恩義之厚此最爲重也。注父子至之義。正義曰云父子之道天性之常者父子之道自然慈孝本乎天性則生愛敬之心是常道也云加以尊嚴又有君臣之義者言父子相親本於天性慈孝生於自然既能尊嚴於親又有君臣之義故易家人卦曰家人有嚴君焉父母之謂也是謂父母爲嚴君也。注父母至於斯。正義曰案說文云續連也言子繼於父母相連不絕也易稱生生之謂易言後生次於前也此則傳續之義也○注謂父至於斯○正義曰上引家人之文言人子之道於父母有嚴君之義此章既陳聖治則事繫於人君也案禮記文王世子稱昔者周公攝政抗世子法於伯禽使之與成王居欲令成王之知父子君臣之義君之於太子也親則父也尊則君也有父之親有君之尊然後兼天下而有之者言既有天性之恩又有君臣之義厚重莫過於此也

故不愛其親而愛他人者謂之悖德不敬其親而敬他人者謂之悖禮言盡愛敬之道然後施教於人違此則於德禮爲悖也以順則逆民無則焉行教以順人心今自逆之則下無所法則也不在於善而皆在於凶德善謂身行愛敬也凶謂悖其德禮也雖得之君子不貴也言悖其德禮雖得志於人上君子之不貴也

〔疏〕故不至貴也○正義曰此說愛敬之失悖於德禮之事也所謂不愛敬其親者是君上不能身行愛敬也而愛他人敬他人者是教天下行愛敬也君自不行愛敬而使天下人行是謂悖德悖禮也唯人君合行政教以順天下人心今則自逆不行翻使天下之人法行於逆

道故人無所法則斯乃不在於善而皆在於凶德在謂心之所在也凶謂凶害於德也如此之君雖得志於人上則古先哲王聖人君子之所不貴也○注言盡至悖也○正義曰云言盡愛敬之道然後施教於人者此孔傳也則天子章言愛敬盡於事親而德教加於百姓是也云違此則於德禮爲悖也者案禮記大學云堯舜率天下以仁而民從之桀紂率天下以暴而民從之其所令反其所好而民不從是故君子有諸己而后求諸人無諸己而后非諸人所藏乎身不恕而能喻諸人者未之有也是知人君若違此盡愛敬之道而教天下人行愛敬是悖逆於德禮也○注善謂至禮也○正義曰云善謂身行愛敬也者謂身行愛敬乃爲善也云凶謂悖其德禮也者悖猶逆也言逆其德禮則爲凶也○注言悖至貴也○正義曰云悖其德禮者此依魏注也謂人君不行愛敬於其親鄭注云悖若桀紂是也云雖得志於人上者君子之不貴也者言君子如此是雖得志居臣人之上幸免篡逐之禍言聖人君子之所不貴言賤惡之也

**君子則不然**不悖德禮也**言思可道行思可樂**思可道而後言人必信也思可樂而後行人必悅也**德義可尊作事可法**立德行義不違道正故可尊也制作事業

動得物宜故可法也**容止可觀進退可度**容止威儀也必合規矩則可觀也進退動靜也不越禮法則可度也**以臨其民是以其民畏而愛之則而象之**君行六事臨撫其人則下畏其威愛其德皆放象於君也**故能成其德教而行其政令**上正身以率下下順上而法之則德教成政令行也

【疏】君子至政令○正義曰前說爲君而爲悖德禮之事此言聖人君子則不然也君子者須慎其言行動止舉措思可道而後言思可樂而後行故德義可以尊崇作業可以爲法威容可以觀望進退皆脩禮法以此六事君臨其民則人畏威而親愛之法則而象效之故德教以此而成政令以此而行也○注不悖德禮也○正義曰此依魏注也言君子舉措皆合德禮無悖逆也○注思可至悅也○正義曰言者心之聲也思者心之慮也可者事之合也道者陳說也行謂施行也樂謂使人悅服也禮記中庸稱天下至聖言而民莫不信行而民莫不說也○注立德至可法也○正義曰此立德行義不違道正故可尊也者此依孔傳也劉炫云德者得於理也義者宜於事也得理在於身宜事見於外謂理得事宜行道守正故能爲人所尊也

知制作事業動得物宜故可法也者作謂造立也事謂施爲也易曰舉而措之天下之民謂之事業言能作衆物之端爲器用之式造立於巳成式於物物得其宜故能使人法象也○注容止至度也○正義曰容止威儀也必合規矩則可觀也者此依孔傳也容止謂禮容所止也漢書儒林傳云魯徐生善爲容以容爲禮官大夫是也威儀即儀禮也中庸云威儀三千是也春秋左氏傳曰有威而可畏謂之威有儀而可象謂之儀言君子有此容止威儀能合規矩案禮記玉藻云周還中規折還中矩鄭云反行也宜圜曲行也宜方是合規矩故可觀云進退動靜也者進則動也退則靜也案易乾文言曰進退無常非離羣也又艮卦彖曰時止則止時行則行動靜不失其時其道光明是進退則動靜也云不越禮法則可度也者動靜不乖越禮法故可度也○注君行至君也○正義曰云君行六事臨撫其人者言君施行六事以臨撫下人六事即可度以上之事有六也云則下畏其威愛其德皆放象於君也者案左傳北宮文子對衛侯說威儀之事稱有威而可畏謂之威有儀而可象謂之儀君有君之威儀其臣畏而愛之則而象之又因引周書數文王之德曰大國畏其力小國懷其德言畏而愛之也詩云不識不知順帝之則言則而象之也又云君子在位可畏施舍可愛進退可度周旋

可則容止可觀作事可法德行可象聲氣可樂動作有文言語有章以臨其下謂之有威儀也據此與經雖稍殊別大抵皆敘君之威儀也故經引詩云其儀不忒其義同也○注上正至行也○正義曰云上正身以率下者此依孔傳也論語孔子對季康子曰子率以正孰敢不正又曰其身正不令而行是正其身之義也云下順上而法之者言正其身以率下則下人皆從之無不法則德教成政令行也者言風化當如此也

**詩云淑人君子其儀不忒** 淑善也忒差也義取君子威儀不差爲人法則

**疏** 曰詩云至不忒○正義曰夫子述君子之德既畢乃引曹風鳲鳩之詩以贊美之言善人君子威儀不差失也○注淑善至法則○正義曰云淑善也忒差也此依鄭注也淑善釋詁文釋言云爽差也爽忒也轉互相訓故忒得爲差也云義取君子威儀不差爲人法則者亦言引詩大意如此也

# 孝經注疏卷第五

[illegible]盧氏宣旬校定

掌福建道監察御史武寧盧浙栞

孝經注疏卷五挍勘記　阮元撰盧宣旬摘錄

孝經注疏卷第五

聖治章第九

參問明王孝理　岳本參改作曾子石臺本問作聞是也監本王誤至

更有大於孝不　岳本不作否

杜預左氏傳曰　案曰上當有注字

郊謂圜丘祀天也　監本祀誤配

各以其職來祭　毛本軄作職案軄俗職字石臺本唐石經宋熙寧石刻岳本閩本監本正義本來下有助字禮記禮器正義公羊僖十五年疏後漢書班彪傳下注引並作各以其職來助祭注云各脩其職來助祭也是經文本有助字石臺本脱諸本仍之

云后稷周公之始祖也者案公字衍文

姜原閩本監本毛本改姜嫄

冰上飛鳥以其翼覆廌之監毛本廌作藉案史記周本紀廌作薦

黎民阻饑案史記周本紀阻饑作始飢此作阻依古文尚書改非是段玉裁尚書撰異云今文尚書作祖飢其證有五五帝本紀曰黎民始飢一也漢書食貨志曰舜命后稷以黎民祖饑二也孟康注漢書曰祖始也古文言阻三也徐廣史記音義曰今文尚書作祖飢祖始也四也毛詩釋文曰馬融注尚書作祖云始也五也

圜鍾爲宫監本毛本鍾作鐘五經文字云鐘樂器鍾量名今經典或通用鍾爲樂器案開成石經凡樂器之鐘皆作鍾

周公攝政踐祚而治監本毛本祚作阼是也

無主不行　案公羊傳主作匹注云合也

威仰木帝　儀禮經傳通解續下有以后稷配蒼龍精也韋昭所著亦符此說惟魏太常王肅獨著論廿五字

王義其聖證之論鄭義其於三禮義宗　案其並具字之誤

於禮記其義文多　盧文弨拔本文作尤

按禮記明其二端注明堂　正誤其二端注明堂作堂位昔者周公是也

鄭炫云　案炫當作元下同

夏后曰世室　案曰當作氏

以茅盖屋　閩本監本毛本盖作蓋是也九經字樣云說文蓋从艸从盇張參五經文字又公害翻並見廿部廿音草明皇御注孝經石臺亦作蓋今或相承作盖者乃從行書訛俗不可施於經典今孝經作蓋

八牖者即八節也　正誤即作象

藏帝藉之收於神倉　閩本監本毛本藉作籍按月令作籍

六月西方成　案六當作九

注云絲枲也　案帛當作枲

故親生之膝下　石臺本唐石經宋熙寧石刻岳本監本膝作膝是也下倣此

懸衾篋枕　石臺本亦作懸篋作⿱艹匧岳本作縣案當作縣隸書从竹字往往作卄如制節謹度之節石臺本作莭此⿱艹匧字亦隸體也

子能飲食　案飲當作食讀如字下食音嗣或疑與下食字重遂改爲飲

九年教之數目　監本毛本目作日不誤

云出以外傳者　監本毛本外作就是也

鯉趨而過庭　正誤云下脫曰學詩乎對曰未也不學詩無以言鯉退而學詩他日又獨立鯉趨而過庭廿九字

懸衾篋枕　閩本監本毛本作衾此本誤食今改正案內則懸作縣懸俗縣字

以教愛者也者　案注無上者字此衍文也

疾痛疴癢　案禮記作苛癢

無宜待教　浦鏜云無宜疑誤倒或宜爲容字之誤

是嚴多而愛殺也　閩本監本毛本作愛此本誤成今改正

不和親則忘愛　正誤和作教

聖人謂明王也　閩本監本毛本作王此本誤正今改正

此言父子恩親之情　正誤親作愛

同君之敬 正 閩本監本毛本作君之此本二字誤倒今改

君之於太子也 案禮記太作世

然後兼天下而有之者 案禮記無者字此誤衍

君子之不貴也 岳本之下增所字案正義亦無浦鏜云脱所字非也

是知人君若達此盡愛敬之道 閩本監本毛本達作違此下有不字是也

言君子如此 浦鏜云君子當人君誤是也

言聖人君子之所不貴 浦鏜云言當亦字誤是也

臨撫其人 岳本撫作於案正義亦作撫岳本非也

道者陳悅也 閩本監本毛本者作謂不誤悅作說

此立德行義 正誤此作云是也

魯徐生善爲容　漢書儒林傳容作頌案頌正字容假借字

威儀不差夫也　閩本監本毛本夫作失是也

# 孝經注疏卷第六

## 紀孝行章第十

邢昺注疏

〔疏〕正義曰此章紀錄孝子事親之行也前章孝治天下所施政教不待嚴肅自然成理故君子皆由事親之心所以孝行有可紀也故以名章次聖人之後或於孝行之下又加犯法兩字今不取也

子曰孝子之事親也居則致其敬平居必盡其敬養則致其樂就養能致其懽病則致其憂色不滿容行不正履喪則致其哀擗踴哭泣盡其哀情祭則致其嚴齊戒沐浴明發不寐五者備矣然後能事親五者闕一則未爲能

〔疏〕子曰至事親。○正義曰致猶盡也言爲人子能事其親而稱孝者謂平常居處家之時也當須盡於恭敬若進飲食之時怡顏悅色致親之懽若親之有疾則冠者不櫛怒不至詈盡其憂謹之心若親喪亡則攀號毀瘠終其哀情也若卒哀之後當盡其祥練及春秋祭祀又當盡其嚴

肅此五者無限貴賤有盡能備者是其能事親○注平居必
盡其敬○正義曰此依王注也平居謂平常在家孝子則須
恭敬也案禮記內則云子事父母雞初鳴咸盥漱至於父母
之所敬進甘脆而后退又祭義曰養可能也敬爲難皆是盡
敬之義也○注就養能致其懽○正義曰此依魏注也案檀
弓曰事親有隱而無犯左右就養無方言孝子冬溫夏凊昏
定晨省及進飲食以養父母皆須盡其敬安之心不然則難
以致親之懽○注色不至正履○正義曰此依鄭注也案禮
記文王世子云王季有不安節則內豎以告文王文王色憂
行不能正履又下文此古之世子亦朝夕問於內豎其有不
安止世子色憂不滿容此注減憂能二字者以此章通於貴
賤雖儗人非其倫亦舉重以明輕之義也○注擗踊至哀情
正義曰此依鄭注也並約喪親章文其義具於彼○注齊戒
至不寐○正義曰此皆說祭祀嚴敬之事也案祭義曰孝子
將祭夫婦齊戒沐浴盛服奉承而進之言將祭必先齊戒沐
浴也又云文王之祭也事死如事生詩云明發不寐有懷二
人文王之詩也鄭注云明發不寐謂夜而至旦也二人謂父
母也言文王之嚴敬祭祀如此也○注五者至爲能○正義
曰此依魏注也凡爲孝子者須備此五等事也五事若闕於一則未爲能事親也

事親者居上

不驕當莊敬以臨下也為下不亂當恭謹以奉上也在醜不爭醜衆也爭競也當和順以從衆也居上而驕則亡為下而亂則刑在醜而爭則兵謂以兵刃相加三者不除雖日用三牲之養猶為不孝也三牲太牢也孝以不毀為先言上三事皆可亡身而不除之雖日致太牢之養固非孝也

【疏】事親至孝也○正義曰此言居上位者不可為驕溢之事為臣下者不可為撓亂之事在醜輩之中不可為忿爭之事是以居上須去驕不去則危亡也為下須去亂不去則致刑辟在醜輩須去爭不去則兵刃或加於身若三者不除雖復日日能用三牲之養終貽父母之憂猶為不孝之子也○注醜衆也爭競也○正義曰此依魏注也醜衆釋詁文左傳曰師競已甚杜預云競猶爭也故注以競釋爭也○注謂以兵刃相加○正義曰此依常義案左傳云晉范鞅用劍以帥卒杜預曰用短兵接敵此則刃劍之屬謂之兵也必有刃堪害於人則左傳齊莊公請自刃於廟是也言處儕衆之中而每事好爭競或有以刃相讎害也○注三牲至非孝也○正義曰云三牲太牢也者三牲

牛羊豕也案尚書召誥稱越翼日戊午乃社於新邑牛一羊一豕一孔云用太牢也是謂三牲爲太牢也云孝以不毀爲先者則首章不敢毀傷也云言上三事皆可亡身者謂上居上而驕爲下而亂在醜而爭之三事皆可喪亡其身命也云而不除之雖日致太牢之養固非孝也者言奉養雖優不除驕亂及爭競之事使親常憂故非孝也

## 五刑章第十一

〔疏〕正義曰此章五刑之屬三千案舜命皋陶云汝作士明于五刑又禮記問喪云喪多而服五罪多而刑五以其服有親疏罪有輕重也故以名章以前章有驕亂忿爭之事言此罪惡必及刑辟故此次之

**子曰五刑之屬三千而罪莫大於不孝** 五刑謂墨劓剕宮大辟也條有三千而罪之大者莫過不孝

**要君者無上** 君者臣之稟命也而敢要之是無上也

**非聖人者無法** 聖人制作禮樂而敢非之是無法也

**非孝者無親** 善事父母爲孝而敢非之是無親也

**此大亂之道也** 言人有上三惡豈唯不孝乃是大亂之道

子曰至道也○正義曰五刑者言刑名有五也三千者
〔疏〕言所犯刑條有三千也所犯雖異其罪乃同故言之屬
以包之就此三千條中其不孝之罪尤大故云而罪莫大於
不孝也凡爲人子當須遵承聖教以孝事親以忠事君君命
宜奉而行之敢要之是無心遵於上也聖人垂範當須法則
今乃非之是無心法於聖人也孝者百行之本事親爲先今
乃非之是無心愛其親也卉木無識尚感君政禽獸無禮尚
知戀親況在人靈而敢要君不孝也逆亂之道此爲大焉故
曰此大亂之道也○注五刑至不孝○正義曰云五刑謂墨
劓剕宫大辟也者此依魏注也此五刑之名皆尚書吕刑文
孔安國云刻其顙而涅之曰墨刑顙額也謂刻額爲瘡以墨
塞瘡孔令變色也墨一名黥又云截鼻曰劓刖足曰剕釋言
云剕刖也李巡曰斷足曰刖是也又云宫淫刑也男子割勢
婦人幽閉次死之刑以男子之陰名爲勢割去其勢與椓去
其陰事亦同也婦人幽閉閉於宫使不得出也又云大辟死
刑也案此五刑之名見於經傳唐虞以來皆有之矣未知上
古起自何時漢文帝始除肉刑除墨劓剕耳宫刑猶在隋開
皇之初始除男子宫刑婦人猶閉於宫此五刑之名義鄭注
周禮司刑引書傳曰決關梁踰城郭而略盜者其刑臏男女
不以義交者其刑宫觸易君命革輿服制度姦軌盜攘傷人

者其刑劓非事而事之出入不以道義而誦不詳之辭者其刑墨降畔寇賊劫略奪攘矯虔者其刑死案說文云臏膝骨也刖臏謂斷其膝骨此注不言臏而云刵者據呂刑之文也云條有三千而罪之大者莫過不孝者案周禮司刑掌五刑之法以麗萬民之罪墨罪五百劓罪五百宮罪五百刵罪五百殺罪五百合二千五百至周穆王乃命呂侯入爲司寇令其訓暢夏禹贖刑增輕削重依夏之法條有二千則周三千之條首自穆王始也呂刑云墨罰之屬千劓罰之屬千剕罰之屬五百宮罰之屬三百大辟之罰其屬二百五刑之屬三千言此三千條中罪之大者莫有過於不孝也案舊注說及謝安袁宏王獻之殷仲文等皆以不孝之罪聖人惡之云在三千條外此失經之意也案上章云三者不除雖日用三牲之養猶爲不孝此承上不孝之後而云三千之罪莫大於不孝是因其事而便言之本無在外之意案檀弓云子弑父凡在官者殺無赦殺其人壞其室洿其宮而豬焉既云學斷斯獄則明有條可斷也何者易序卦稱有天地然後萬物生焉自屯蒙至需訟即爭訟之始也故聖人法雷電以申威刑所興其來遠矣唐虞以上書傳靡詳舜命皋陶有五刑五刑斯著案風俗通曰皋陶謨是虞時造也及周穆王訓夏里悝師魏乃著法經六篇而以盜賊爲首賊之大者有惡逆焉決斷

不違時凡赦不免又有不孝之罪並編十惡之條前世不忘後世爲式而安宏不孝之罪不列三千之條中今不取也○注君者至無上也○正義曰此依孔傳也案晉語云諸大夫迎悼公公曰孤始願不及此孤之及此天也抑人之有元君將稟命焉明凡爲臣下者皆稟君教命而敢要以從已是有無上之心故非孝子之行也若臧武仲以防求爲後於魯晉舅犯及河授璧請亡之類是也○注聖人至法也○正義曰此依孔傳也聖人規模天下法則兆民敢有非毁之者是無聖人之法也○注善事至親也○正義曰孝爲百行之本敢有非毁之者是無親愛之心也○注言人至之道○正義曰言人不忠於君不法於聖不愛於親此皆爲不孝乃是罪惡之極故經以大亂結之也

# 廣要道章第十二

【疏】正義曰前章明不孝之惡罪之大者及要君非聖人此乃禮教不容廣宣要道以教化之則能變而爲善也首章略云至德要道之事而未詳悉所以於此申而演之皆云廣也故以名章次五刑之後要道先於至德者謂以要道施化化行而後偏彰亦明道德相成所以互爲先後也

子曰：教民親愛，莫善於孝。教民禮順，莫善於悌。言教人親愛禮順，無加於孝悌也。移風易俗，莫善於樂。風俗移易，先入樂聲。變隨人心，正由君德。正之與變，因樂而彰，故曰莫善於樂。安上治民，莫善於禮。禮所以正君臣父子之別，明男女長幼之序，故可以安上化下也。

【疏】子曰至於禮○正義曰：此夫子述廣要。之義。言君欲教民親於君而愛之者，莫善於身自行孝也。君能行孝，則民效之，皆親愛其君。欲教民禮於長而順之者，莫善於身自行悌也。人君行悌，則人效之，皆以禮順從其長也。欲移易風俗之獘敗者，莫善於聽樂而正之。欲身安於上、民治於下者，莫善於行禮以帥之。○注言教至悌也○正義曰：言欲民親愛於君、禮順於長者，莫善於身自行孝悌之善也。○注風俗至於樂○正義曰：云"風俗移易，先入樂聲"者，子夏《詩序》云："風，風也，教也。風以動之，教以化之。"韋昭曰："人之性繫於大人，大人風聲，故謂之風。隨其趨舍之情欲，故謂之俗。"《詩序》又曰："至于王道衰，禮義廢，政教失，國異政，家殊俗，而變風變雅作矣。"是入樂聲之義也。云"變隨人心，正由君德"者，《詩序》又曰："國史明乎得失之迹，傷人倫之廢，哀刑政之苛，吟詠情性

以風其上故變風發乎情止乎禮義發乎情民之性也止乎
禮義先王之澤也以斯言之則知樂者本於情性聲者因乎
政教政教失則人情壞人情壞則樂聲移是變隨人心也國
史明之遂吟以風上也受其風上而行其失乃行禮義以正
之教化以美之上政既和人情自治是正由君德也云正之
與變因樂而彰故曰莫善於樂者詩序又曰治世之音安以
樂其政和亂世之音怨以怒其政乖亡國之音哀以思其民
困又尚書益稷篇舜曰予欲聞六律五聲八音在治忽孔安
國云在察天下理治及忽怠者皆是因樂而彰也案禮記云
大樂與天地同和則自生人以來皆有樂性也世本曰伏羲
造琴瑟則其樂器漸於伏羲也史籍皆言黃帝樂曰雲門顓
頊曰六英帝嚳曰五莖堯曰咸池舜曰大韶禹曰大夏湯曰
大濩武曰大武於樂之聲節起自黃帝也○注禮所至下也
正義曰云禮所以正君臣父子之別明男女長幼之序者此
依魏注也禮云非禮無以辨君臣上下長幼之位非禮無以
辨男女父子兄弟之親是也云故可以安上化下也者釋安
上治民也制百口禮殊事而合敬樂異人而同愛敬愛之極
是謂要道神而明之是謂至德故必由斯人以弘斯教而後
禮樂興焉政令行焉以盛德之訓傳於樂聲則感人深而風
俗移易以盛德之化措諸禮容則悅者衆而名教著明蘊乎

其樂章乎其禮故相待而成矣然則韶樂存於齊而民不爲
之易周禮備於魯而君不獲其安亦政教失其極耳夫豈禮
樂之咎乎禮者敬而已矣敬者禮之本也故敬其父則子悅
敬其兄則弟悅敬其君則臣悅敬一人而千
萬人悅居上敬下盡得懽心故曰悅也所敬者寡而悅者衆此
之謂要道也疏禮者至道也○正義曰此承上莫善於禮也言禮者敬而已矣謂禮主於
敬也人○明敬功至廣是要道也其要正以謂天子敬人之父
則其子皆悅敬人之兄則其弟皆悅敬人之君則其臣皆悅
此皆敬父兄及君一人則其子弟及臣千萬人皆悅故其所
敬者寡而悅者衆即前章所言先王有至德要道者皆此義
之謂也○注敬者禮之本也○正義曰此依鄭注也案曲禮
曰毋不敬是也○注居上至悅也○正義曰云居上敬下者
案尚書五子之歌云爲人上者奈何不敬謂居上位須敬其
下云盡得懽心故曰悅也者言得懽心則無所不悅也案孝
治章云故得萬國百姓及人之懽心是也舊注云一人謂父
兄君千萬人謂子弟臣也者此依孔傳也一人指受敬之人

則知謂父兄君也千萬人指其喜悅者則知謂子弟臣也夫子弟及臣名何啻千萬言千萬人者舉其大數也

孝經注疏卷第六

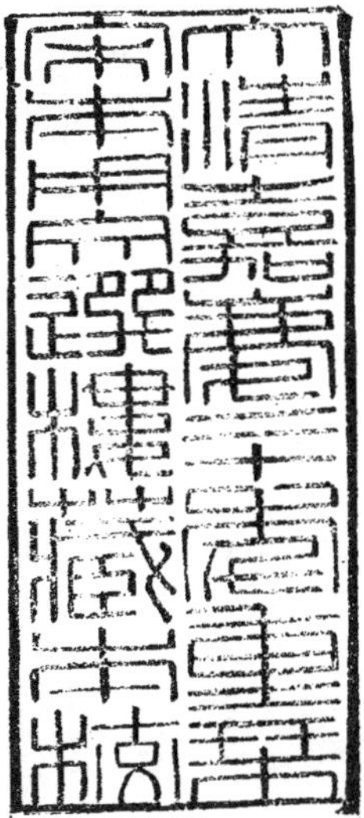

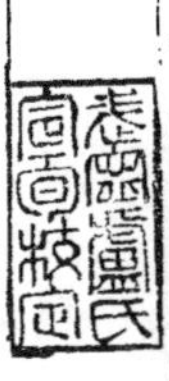

掌福建道監察御史武寧盧浙栞

# 孝經注疏卷六挍勘記

阮元撰盧宣旬摘錄

## 孝經注疏卷第六

紀孝行章第十　正義云或於孝行之下又加犯法兩字今不取也

次聖人之後　案人當作治

擗踊哭泣　石臺本踊作踴監本泣誤立案説文有踊無踴

齊戒沐浴　石臺本岳本閩本監本毛本齊作齋

謂平常居處家之時也當須盡於恭敬　正誤處下有在字無也字於作其

致親之孝　正誤孝當作懽是也

敬進甘脆而后退　諸本作進此本誤道今改正毛本后改後

言孝子冬溫夏清　閩本毛本清作凊是也

此古之世子　浦鏜云此當記字誤

其有不安卪　閩本監本毛本卪作節是也

雖儗人非其倫　閩本監本毛本儗改擬案作儗是也

以舉重以明輕之義也　毛本上以字作亦是也

其義奧於彼　正誤奧作具是也

謂以兵刃相加　監本刃誤不

此則刃劒之屬　正誤刃作刀依左傳注改

五刑章第十一

又禮記問喪云　案問喪當作服問

丧多而服五罪多而刑五　案此二句誤倒當乙轉

君者臣之稟命也　石臺本之作所岳本監本毛本稟作稾與石臺本合

聖人制作禮樂　石臺本岳本樂作法

尚感君政　正誤政作仁

劅其額而涅之曰墨　案劅當作刻

釋言云剕刖也　案爾雅剕作䠊說文亦作䠊

與椓去其陰　監本毛本椓作㧻案說文作斀云去陰之刑也玉篇作劅云刑也今書吕刑作椓尚書撰異作劅顯云今本劅作椓此唐天寶三載衛包所改也孔訓劅爲椓陰衛妄謂劅古字椓今字以椓改劅而宋開寶五年又改釋文大書劅爲椓矣正義亦遭天寶後改從衛包而時有改之未盡者如卷二引鄭本尚書劓刵劅剠此篇云劅椓人陰是其證也

隋開皇之初始除男子宫刑宋王應麟云按通鑑西魏大統十三年三月除宫刑非始於隋

案說文云臏膝骨也說文臏作髕膝作厀案臏者髕之俗字則臏謂斷其膝骨閩本監本毛本則作刖是也

以厲萬民之罪案厲當作勵

子弑父凡在官者殺無赦監本官作宫是也

廣要道章第十二

故以右章閩本監本毛本右作名是也

化行而後徧彰正誤徧作德是也

莫善於悌鄭注本作弟此正義本則作悌

此夫子述廣要之義　正誤要下補道字是也

隨其越舍之情欲　監本毛本越作趨是也

於樂之聲節　正誤於作則

禮云　正誤云上補記字

非禮無以辨男女父子兄弟之親是也　禮記辨作別

制百口　閩本監本毛本作樂記云

樂異人而同愛　案人當作文同禮記作合

敬一人而千萬人悅　毛本而誤則

入明敬功至廣　閩本監本毛本入作又是也

孝經注疏卷六挍勘記終

新建生員杜鰲挍

# 孝經注疏卷第七

## 廣至德章第十三

邢昺注疏

【疏】正義曰首章標至德之目此章明廣至德之義故以名章次廣要道之後

子曰君子之教以孝也非家至而日見之也言教不必家到戶至日見而語之但行孝於內其化自流於外教以孝所以敬天下之爲人父者也教以悌所以敬天下之爲人兄者也舉孝悌以爲教則天下之爲人子弟者無不敬其父兄也教以臣所以敬天下之爲人君者也舉臣道以爲教則天下之爲人臣者無不敬其君也

【疏】子曰至君者也。正義曰此夫子述廣至德之義言聖人君子教人行孝事其親者非家家悉至而日見之但教之以孝則天下之爲人父者皆得其子之敬也教之以悌則天下之爲人兄者皆得其弟之敬也教之以臣則天下之爲。君者皆得其臣之敬○注言教至於外。正義曰此依鄭注也祭義所謂孝悌發諸朝廷行乎道路至乎閭巷是流於外○注舉孝至父兄也○正義曰云舉孝悌以爲教者此依王注也案禮記祭義曰祀乎明堂所以教諸侯之孝也食三老五更於太學所以教諸侯之弟也此即謂發諸朝廷至乎州里○是也云則天下之爲人子弟者無不敬其父兄也者言皆敬也案舊注用應劭漢官儀云天子無父父事三老兄事五更乃以事父事兄爲教孝悌之禮案禮教敬。自有明文假令天子事三老蓋同庶人倍年以長之敬本非教孝子之事今所不取也○注舉臣至君也。正義曰此依王注也案祭義云朝覲所以教諸侯之臣也者諸侯列國之君也若朝覲於王則身行臣禮言聖人制此朝覲之法本以教諸侯之爲臣也則諸侯之卿大夫亦各放象其君而行事君之禮也劉炫以爲將教爲臣之道固須天子身行者案禮運曰故先王患禮之不達於下也故祭帝於郊謂郊祭之禮冊祝稱臣是亦以見天子以身率下之義也**詩云愷悌君子民之父母**愷樂也悌易也義取君以樂易之道化人則爲天下蒼生之父母也**非至德其孰能順民如此其大者乎**〔疏〕詩云至者乎○正義曰夫子既述至德之教已畢乃引大雅泂酌之詩以贊美之愷樂也悌易也言樂易之君子能順民心而行教化乃爲民之父母若非至德之君其誰能順民心如此其廣大者乎孰誰也案禮記表記稱子言之君子所謂仁者其難乎詩云凱弟君子民之父母凱以强教之弟以說安之使民有父之尊有母之親如此而后可以爲民父母矣非至德其孰能如此乎此章於孰能下加順民如此下加其大者與表記爲異其大意不殊而皇侃以爲并結要道至德兩章或失經旨也劉炫以爲詩美民之父母證君之行教未證至德之大故於詩下別起歎辭所以異於餘章頗近之矣○注愷樂至母也○正義曰愷樂悌易釋詁文云義取君以樂易之道化人則爲天下蒼生之父母也者亦言引詩大意如此蒼生尚書文謂天下黔首蒼蒼然衆多之貌也孔安國以爲蒼蒼然生草木之處今不取也

## 廣揚名章第十四

〔疏〕正義曰首章略言揚名之義而未審而於此廣之故以名章次至德之後

子曰君子之事親孝故忠可移於君以孝事君則忠事

兄悌故順可移於長以敬事長則順居家理故治可移於官君子所居則化故可移於官也是以行成於內而名立於後世矣脩上三德於內名自傳於後代【疏】子曰至世矣。正義曰此夫子廣述揚名之義言君子之事親能孝者故資孝爲忠可移孝行以事君也事兄能悌者故資悌爲順可移悌行以事長也居家能理者故資治爲政可移於績以施於官也是以君子居能以此善行成之於內則令名立於身沒之後也先儒以爲居家理下闕一故字御注加之。○注以孝事君則忠。○正義曰此一章之文義已見於上。○注以敬事長則順。○正義曰此依鄭注也亦士章之敬悌義同已具上釋然人之行敬則有輕有重敬父敬君則重也敬兄敬長則輕也。○注君子至官也。○正義曰此依鄭注也論語云君子不器言無所不施。○注脩上至後代。○正義曰此依鄭注也三德則上章云移孝以事於君移悌以事於長移理以施於官也言此三德不失則其令名常自傳於後世經云立而注爲傳者立謂常有之名傳謂不絕之稱但能不絕即是常有之行故以傳釋立也

# 諫諍章第十五

疏 正義曰此章言爲臣子之道若遇君父有失皆諫爭也曾子問聞揚名已上之義而問子從父之令夫子以令有善惡不可盡從乃爲述諫爭之事故以名章次揚名之後

曾子曰若夫慈愛恭敬安親揚名則聞命矣敢問子從父之令可謂孝乎事父有隱無犯又敬不違故疑而問之○

疏 曾子至孝乎○正義曰前章以來唯論愛敬及安親之事未説規諫之道故又假曾子之問曰若夫慈愛恭敬安親揚名則已聞命矣敢問子從父之教令亦可謂之孝乎疑而問之故稱乎也尋上所陳唯言敬愛未及慈恭而曾子并言慈恭已聞命矣者皇侃以爲上陳愛敬則包於慈恭矣慈者孜孜愛者念惜恭者貌多心少敬者心多貌少如侃之説則慈恭愛敬之别何故云包慈恭也或曰慈者接下之别名愛者奉上之通稱劉炫引禮記内則説子事父母慈以旨甘喪服四制云高宗慈良於喪莊子曰事親則孝慈此並施於事上夫愛出於内慈爲愛體敬生於心恭爲敬貌此經悉

陳事親之跡寧有接下之文夫子據心而爲言所以唯稱愛敬曾參體貌而兼取所以并舉慈恭如劉炫此言則知慈是愛親也恭是敬親也安親則上章云故生則親安之揚名即上章云揚名於後世矣經稱夫有六焉蓋發言之端也一曰夫孝始於事親二曰夫孝德之本三曰夫孝人之經四曰夫然故生則親安之五曰夫聖人之德此章云若夫慈愛並卻明前理而下有其趣故言夫以起之劉瓛曰夫猶凡也○注事父至問之○正義曰禮記檀弓云事親有隱而無犯以經云從父之令故注變親爲父案論語云事父母幾諫見志不從又敬不違引此二文以成疑疏證曾子有可問之端也

子曰是何言與是何言與有非而從成父不義理所不可故再言之昔者天子有爭臣七人雖無道不失其天下諸侯有爭臣五人雖無道不失其國大夫有爭臣三人雖無道不失其家降殺以兩尊卑之差爭謂諫也言雖無道爲有爭臣則終不至失天下亡家國也士有爭友則身不離於令名

令善也益者三友言受忠告故不失其善名父有爭子則身不陷於不義父失則諫故免陷於不義故當不義則子不可以不爭於父臣不可以不爭於君不爭則非忠孝故當不義則爭之從父之令又焉得爲孝乎【疏】子曰至孝乎○正義曰夫子以曾參所問於理乖僻陳諫爭之義因乃諮而荅之曰汝之此問是何言與再言之者明其深不可也既諮之後乃爲曾子說必須諫爭之事言臣之諫君子之諫父自古攸然故言昔者天子治天下有諫爭之臣七人雖復無道昧於政教不至失於天下言無道者謂無道德諸侯有諫爭之臣五人雖無道亦不失其國也大夫有諫爭之臣三人雖無道亦不失於其家士有諫爭之友則其身不離遠於善名也父有諫爭之子則身不陷於不義故君父有不義之事凡爲臣子者不可以不諫爭以此之故當不義則須諫之又結此以荅曾子曰今若每事從父之令又焉得爲孝乎言不得也案曾子唯問從父之令不指當時而言昔者皇侃云夫子述孝經之時當周亂衰之代無此諫爭之臣故言昔者也不言先王而言天

子者諸稱先王皆指聖德之主此言無道所以不稱先王也○注有非至不義○正義曰言父有非子從而行不諫是成父之不義云理所不可故再言之者義見於上○注降殺至國也○正義曰左傳云自上以下降殺以兩禮也謂天子尊故七人諸侯卑於天子降兩故有五人大夫卑於諸侯降兩故有三人論語云信而後諫左傳云伏死而爭此蓋謂極諫爲爭也若隨無道人各有心鬼神之主季梁猶在楚不敢伐是有爭臣不亡其國舉中而率則大夫天子從可知也不言國家嫌如獨指一國也國則諸侯也家則大夫也注貴省文故曰家國也案孔鄭二注及先儒所傳並引禮記文王世子以解七人之義案文王世子記曰虞夏商周有師保有疑丞設四輔及三公不必備惟其人又尚書大傳曰古者天子必有四鄰前曰疑後曰丞左曰輔右曰弼天子有問無對責之疑可志而不志責之丞可正而不正責之輔可揚而不揚責之弼其爵視卿其禄視次國之君大傳四鄰則記之四輔兼三公以充七人之數諸侯五者孔傳指天子所命之孤及三卿與上大夫王肅指三卿內史外史以充五人之數大夫三者孔傳指家相室老側室以充三人之數王肅無側室而謂邑宰斯並以意解說恐非經義劉炫云案下文云子不可以不爭於父臣不可以不爭於君則爲子爲臣皆當諫爭豈獨

大臣當爭小臣不爭乎豈獨長子當爭其父衆子不爭者乎若父有十子皆得諫爭王之百辟惟許七人是天子之佐乃少於匹夫也又案洛誥云成王謂周公曰誕保文武受民亂爲四輔冏命穆王命伯冏惟予一人無良實賴左右前後有位之士匡其不及據此而言則左右前後四輔之謂也疑丞輔弼當指於諸臣非是別立官也謹案周禮不列疑丞周官歷敘羣司顧命揔名卿士左傳云龍師鳥紀曲禮云五官六大無言疑丞輔弼專掌諫爭者若使爵視於卿祿比次國周禮何以不載經傳何以無文且伏生大傳以四輔解爲四鄰孔注尚書以四鄰爲前後左右之臣而不爲疑丞輔弼安得又采其說也左傳稱周辛甲之爲太史也命百官官箴王闕師曠說匡諫之事史爲書瞽爲詩工誦箴諫大夫規誨士傳言官師相規工執藝事以諫此則凡在人臣皆合諫也大于言天子有天下之廣七人則足以見諫爭功之大故舉少以言之也然父有爭子士有爭友雖無定數要一人爲率自下而上稍增二人則從上而下當如禮之降殺故舉七五三人也劉炫之讜義雜合通途何者傳載忠言比於藥石逆耳苦口隨要而施若指不備之員以匡無道之主欲求不失其可得乎先儒所論今不取也○注令善至善名○正義曰令善也釋詁文云益者三友論語文即友直友諒友多聞益矣是

也云言受忠告故不失其善名者論語云子貢問友子曰忠告而善道之言善名爲受忠告而後成也大夫以上皆云不失士獨云不離不離即不失也○注父失至不義○正義曰此依鄭注也案内則云父母有過下氣怡色柔聲以諫諫若不入起敬起孝說則復諫曲禮曰子之事親也三諫而不聽則號泣而隨之言父有非故須諫之以正道庶免陷於不義也

孝經注疏卷第七

掌福建道監察御史武寧盧浙栞

# 孝經注疏卷七挍勘記　阮元撰盧宣旬摘錄

## 孝經注疏卷第七

### 廣至德章第十三

言教不必家到戶至　正義曰此依鄭注也案李善注文選庾元規讓中書令表引鄭注云非門到戶至而見之又注任彥昇齊竟陵文宣王行狀引鄭注云非門到戶至而日見也石臺本門改家諸本仍之

則天下之爲君者　正誤爲下補人字是也

至乎閭巷　案禮記作州巷下作州里亦非

案禮教敬　正誤敬作孝

若朝覲於王　閩本監本毛本若作君是也

詩云凱弟君子　閩本監本毛本凱弟作愷悌

皇侃以爲并結要道至德兩章 閩本監本毛本結作結是也

廣廣揚名章第十四

次德之後 案次下脫廣至二字

居家理故治可移於官 正義曰先儒以爲居家理下闕一故字御注加之案釋文注云讀居家理故治與上異讀似陸氏所據本亦無故字後人依石臺本增入非也

此夫子廣述揚名之義 案當作述廣

可移於績 正誤於作治是也

居能以此善行成之於內 正誤居作若是也

此一章之文 正誤一改士是也

亦士章之敬悌義同 案敬悌當作孝順

諫諍章第十五　石臺本唐石經岳本作爭案正義前後並作諫爭經爭臣爭友爭子今本白虎通引並作諍非

皆諫諍也　案當作爭

曾子因聞揚名已上之義　諸本因作問依正誤改

故疑而問之　岳本之下有也字衍文

夫孝人之經　案人當作天

劉獻曰　閩本監本毛本獻作讞案作獻避所諱

子曰是何言與　鄭注本作歟用正字此正義本作與則用假借字

不失其天下　石臺本無其字釋文同案正義本無其字漢書霍光傳云聞天子有爭臣七人雖無道不失天下陸德明云或作不失其天下其字衍耳

則身不離於令名　鄭注本無不字與此不同説詳釋文挍勘記

則身不陷於不義　閩本陷作陥注及正義同石臺本唐石經案熙寧石刻岳本監本毛本作陷是也

陳諫爭之義　正誤陳作非是也

鬼神之主　正誤之作乏

則見之四輔　正誤見作記

商命　閩本監本毛本商作冏是也下同

揔名卿七　監本毛本揔作總七作士案作士是也

左傳稱周主申父之爲太史也　毛本父作甫案主申父當作辛甲

瞽爲詩　閩本監本毛本作瞽此本誤鼓今改正

以匡無道之主　閩本監本毛本作匡此本誤宔今改正

止

# 孝經注疏卷第八

## 感應章第十六　　邢昺注疏

〔疏〕正義曰：此章言天地明察，神明彰矣。又云孝悌之事通於神明，皆是應感之事也。前章論諫爭之事，言人主若從諫爭之善，必能脩身慎行，致應感之福，故以名章，次於諫爭之後。

子曰：昔者明王事父孝，故事天明；事母孝，故事地察；王者父事天，母事地，言能致事宗廟，則事天地能明察也。長幼順，故上下治。君能尊諸父，先諸兄，則長幼之道順，君人之化理。天地明察，神明彰矣。事天地能明察，則神感至誠而降福佑，故曰彰也。

〔疏〕「子曰」至「神明彰矣」。正義曰：此章夫子述明王以孝事父母，能致感應之事。言昔者明聖之王事父能孝，故事天能明；言能明天之道，故《易·說卦》云「乾爲天，爲父」，此言事父孝，故能事天明，是事父之孝通於天也。事母能孝，故事地能察，言能察地之理，故《說卦》云「坤爲地，爲母」，此言事母孝，故事地察則是事母之道通於地也明王又於宗族長幼之中皆順於禮則凡在上下之人皆自化也又明王之事天地既能明察必致福應則神明之功彰見謂陰陽和風雨時人無疾癘天下安寧也經稱明王者二焉一曰昔者明王之以孝治天下也二即此章言昔者明王事父孝俱是聖明之義與先王爲一也言先王示及遠也言明王示聰明也○注王者至察也○正義曰云王者父事天母事地者此依王注義也案白虎通云王者父天母地此言事者謂移事父母之孝以事天地也云言能敬事宗廟則事天地能明察也者謂蒸嘗以時疏數合禮是敬事宗廟也既能敬宗廟則不違犯天地之時若祭義曾子曰樹木以時伐焉禽獸以時殺焉夫子曰斷一樹殺一獸不以其時非孝也又王制曰獺祭魚然後虞人入澤梁豺祭獸然後田獵鳩化爲鷹然後設罻羅草木零落然後入山林昆蟲未蟄不以火田此則令無大小皆順天地是事天地能明察也○注君能至化理○正義曰此言明王能順長幼之道則臣下化之而自理也謂放效於君書曰違上所命從厥攸好是效之也○注事天至彰也○正義曰誠和也言事天地若能明察則神祇感其至和而降福應以祐助之是神明之功彰見也書云至誠感神又瑞應圖曰聖人能順天地則天降膏露地出醴泉詩云降福穰穰易曰自天祐

之吉無不利注約諸文以釋之也案此則神感至誠當爲至誠今定本作至誠字之誤也**故雖天子必有尊也言有父也必有先也言有兄也**父謂諸父兄謂諸兄皆祖考之胤也禮君讌族人與父兄齒也**宗廟致敬不忘親也**言能敬事宗廟則不敢忘其親也**脩身慎行恐辱先也**天子雖無上於天下猶脩持其身謹慎其行恐辱先祖而毀盛業也**宗廟致敬鬼神著矣**事宗廟能盡敬則祖考來格享於克誠故曰著也**孝悌之至通於神明光于四海無所不通**能敬宗廟順長幼以極孝悌之心則至性通於神明光于四海故曰無所不通

【疏】故雖至不通○正義曰故者連上起下之辭以上文云事父孝又云事母孝又云長幼順所以於此述尊父先兄之義以及致敬與脩身之道兼言鬼神之著孝悌之至無所不通也言王者雖貴爲天子於天下宗廟之中必有所尊之者謂天子有諸父也必有所先之者謂天子有諸兄也宗廟致敬是不忘其親脩身慎行是不辱其祖考故能致敬於宗廟則鬼神明著而

歆享之是明王有孝悌之至性感通神明則能光于四海無所不通然諫爭兼有諸侯大夫此章唯稱王者言王能致應感則諸侯已下亦當自勉勗也○注父謂至齒也○正義曰云父謂諸父兄謂諸兄者父之昆弟曰伯父叔父已之昆曰兄其屬非一故言諸也詩曰以速諸父又曰復我諸兄是也云皆祖考之胤也者案曲禮曰父死曰考言父以上通謂之祖考胤嗣也謂其廟未毀其胤皆是王者之族親也云禮君讌族人與父兄齒也者此依孔傳也案詩序角弓父兄刺幽王蓋謂君之諸父諸兄也古者天子祭畢同姓則留之謂與族人讌故其詩曰諸父兄弟備言燕私鄭箋云祭畢歸賓客之俎同姓則留與之燕是天子讌族人也又禮記文王世子云君若公與族燕則異姓爲賓膳宰爲主人公與父兄齒則知燕族人亦以尊卑爲列齒於父兄之下也○注言能至親也○正義曰案禮記文王世子稱五廟之孫祖廟未毀雖爲庶人冠取妻必告死必赴是不忘親也禮記大傳稱其不可得變革者則有矣親親也尊尊也長長也親親故尊祖尊祖故敬宗敬宗故收族收族故宗廟嚴言君致敬宗廟則不敢忘其親也○注天子至業也○正義曰云天子雖無上於天下者此依正注也禮坊記云天無二日土無二王家無二主尊無二上語普天之下天子爲尊也云猶脩持其身謹慎其行恐

辱先祖而毀盛業也者案禮記祭義云父母既没愼行不辱先也盛業謂先祖積德累功而有天下之業上言必有先也先兄也此言恐辱先也是先祖也○注事宗至著也○正義曰云祖考來格者尚書益稷文格至也言事宗廟能恭敬則祖考之神來格詩曰神保是格報以景福亦是言神之至云享於克誠故曰著也者享於克誠尚書太甲篇文孔傳云言鬼神不保一人能誠信者則享其祀則祖考來格享於克誠皆招著之義上言宗廟致敬謂天子尊諸父先諸兄致敬祖考不敢忘其親也此言宗廟致敬述天子致敬宗廟能感鬼神雖同稱致敬而各有所屬也舊注以爲事生者易事死者難聖人愼之故重其文今不取也上言神明謂天地之神也此言鬼神謂祖考之神易曰陰陽不測之謂神先儒釋云若就三才相對則天曰神地曰祇人曰鬼言天道玄遠難可測故曰神也祇者知也言地去人近長育可知故曰祇也鬼者歸也言人生於無還歸於無故曰鬼也亦謂之神案五帝德云黃帝死而民畏其神百年是也上言神明尊天地也此言鬼神尊祖考也○注能敬至不通○正義曰能敬宗廟順長幼以極孝悌之心者敬宗廟爲孝順長幼爲悌此極孝悌之心也云則至性通於神明光於四海故曰至性如此則通於神明光於四海

**詩云自西自東**

自南自北無思不服義取德教流行莫不服義從化也〔疏〕詩云至不服○正義曰夫子述孝悌之事應感之美既畢乃引大雅文王有聲之詩以贊美之自從也言從近及遠至於四方皆感德化無有思而不服之者以明無所不通詩本文云鎬京辟雍自西自東自南自北無思不服此則雍東北服對句爲韻而皇侃云先言西者此是周詩謂化從西起所以文王爲西伯又爲西鄰自西而東滅紂恐非其義也○注義取至化也○正義曰此依鄭注也德化流行則無不通服義從化即無思不服言服明王之義從明王之化也

事君章第十七

〔疏〕正義曰此章首言君子之事上又言進思盡忠退思補過皆是事君之道孔子曰天下有道則見無道則隱前章言明王之德應感之美天下從化無思不服此孝子升朝事君之時也故以名章次應感之後

子曰君子之事上也上謂君也進思盡忠進見於君則思盡忠節退思補過君有過失則思補益將順其美將行也君有美善則順而行之

匡救其惡匡正也救止也君有過惡則正而止之故上下能相親也下以忠事上上以義接〔疏〕子曰至親也○正義曰此明賢人君子之事君也言入朝進見與謀慮國事則思盡其忠節若退朝而歸常念己之職事則思補君之過失其於政化則當順行君之美道止正君之過惡如此則能君臣上下情志通協能相親也經稱君子有七焉一曰君子不貴二曰君子則不然三曰淑人君子四曰君子之教以孝五曰愷悌君子已上皆斷章指於聖人君子謂居君位而子下人也六曰君子之事親孝故此章君子之事上則皆指於賢人君子也○注上謂君也○正義曰此對論語云孝悌而好犯上者鮮矣彼上謂凡在已上者此上惟指君故云上謂君也○注進見至忠節○正義曰此依韋注也說文云忠敬也盡心曰忠字詁曰忠直也論語曰臣事君以忠則忠者善事君之名也節操也言事君者敬其職事直其操行盡其忠誠也言臣常思盡其節操能致身授命也○注君有至補益○正義曰案舊注韋昭云退歸私室則思補其身過以禮記少儀曰朝廷曰退燕遊曰歸左傳引詩曰退食自公杜預注臣自公門而退入私門無不順禮室猶家也謂退朝理公事畢而還家之時則當思慮以補身之過故國語

曰士朝而受業晝而講貫夕而習復夜而計過無憾而後即安言若有憾則不能安是思自補也案左傳晉荀林父爲楚所敗歸請死於晉侯晉侯許之士渥濁諫曰林父之事君也進思盡忠退思補過晉侯赦之使復其位是其義也文意正與此同故注依此傳文而釋之今云君有過則思補益出制言也義取詩大雅烝民云衮職有闕惟仲山甫補之毛傳云有衮冕者君之上服也仲山甫補之善補過也鄭箋云衮職者不敢斥王言也王之職有缺輒能補之者仲山甫也此理爲勝故易舊也○注將行至行之○正義曰此依王注也案孔注尚書太誓云肅將天威爲敬行天罰是將訓爲行也言君施政教有美則當順而行之○注匡正也救止也○正義曰此依王注也匡正釋詁文也馬融注論語云救猶止也云君有過惡則正而止之者尚書云予違汝弼汝無面從是也○注下以至相親○正義曰此依魏注也書曰君上克明爲下克忠是其義也左傳曰君義臣行如此此則能相親也

**詩云心乎愛矣遐不謂矣中心藏之何日忘之**遐遠也義取臣心愛君雖離左右不謂爲遠愛君之志恒藏心中無日暫忘也

【疏】詩云至忘之○正義曰夫子述事君之道既已乃引小雅隰桑之詩以結之言忠臣事君

雖復有時離遠不在君之左右然其心之愛君不謂爲遠中心常藏事君之道何日暫忘之○注遐遠至忘也○正義曰云遐遠也義取臣心愛君雖離左右不謂爲遠者遐遠也釋詁文此釋心乎愛矣遐不謂矣云愛君之志恒藏心中無日蹔忘也者釋中心藏之何日忘之案檀弓說事君之禮云左右就養有方此則臣之事君有常在左右之義也若周公出征管叔蔡叔召公聽訟於甘棠是離左右也

孝經注疏卷第八

盧宣旬校

嘉慶二十年重栞
宋本用文選樓藏本校

掌福建道監察御史武寧盧浙栞

孝經注疏卷八挍勘記　阮元撰盧宣旬摘録

## 孝經注疏卷第八

感應章第十六 石臺本唐石經岳本作應感正義前後並同今本作感應依鄭注本改非正義本也

孝悌之事 案事當作至

言能致事宗廟 石臺本岳本閩本監本毛本致作敬不誤

神明彰矣 鄭注本作章矣此正義本則作彰矣

則神感至誠而降福佑 毛本誠作諴正義曰按此則神感至誠當爲至諴今定本作至誠字之誤也案陸氏音義亦作諴音咸毛本作諴是也

能致感應之事 案感應當作應感此處誤倒

是事父之孝通天也 正誤通下補於字案下文作事母之道此作之孝二者必有一誤

此依玉注義也閩本監本毛本玉作王不誤

謂蒸嘗以時浦鏜云蒸當作烝

誠和也監本毛本誠作諴是也

則神祇感其至和閩本監本祇作祗案祇訓敬與神祇字别

不降福應閩本監本毛本不作而是也

書曰至誠感神毛本誠作諴是也

自天祐之毛本祐作佑案當作祐

當爲至誠毛本誠作諴是也

享於克誠石臺本享作亨

光于四海大戴記曾子大孝云衡之而横於四海小戴記祭義溥之而横於四海庶人章正義横乎四海北史

孝行論塞天地横四海則此古本亦必作横、鄭氏注樂記疏以立横孔子閒居以横於天下並云横充也即爾雅之桄充也書堯典僞孔傳光充孔沖遠正義光充釋言文案戴震云横轉爲桄誤脱爲光又云光被四表古本必有作横被四表者其説甚詳獨未及此經

光于四海　石臺本岳本于作於

是不忘其祖考　閩本監本毛本忘作辱是也

然諫議兼有諸侯大夫　毛本議作諍案諍當作爭

謂與族人讌　閩本監本毛本讌作燕下文並同按燕乃宴之假借字讌俗字

故其詩曰　浦鏜云其當作楚茨

祖廟未許　閩本監本毛本許作毀是也

此依正注也　閩本監本毛本正作王是也

禮防記云　閩本監本毛本防作坊案禮作坊坊乃防之别體廣韻坊下注云見禮郎指此

地曰祇　閩本監本祇誤秖下同

故曰祇也　毛本祇作祇是也

故曰至性如此　浦鏜云故曰當者言二字之誤

光於四海　毛本於作于

蹤爲德教流行　石臺本閩本監本毛本蹤爲作義取不誤

莫不敬義從化也　石臺本閩本監本毛本敬作服正義云此依鄭注也案鄭注本則作被自石臺本改爲服諸本仍之

以明無所不道　閩本監本毛本道作通是也

詩今文云　浦鏜云今文二字衍文

德教流行　諸本教作化依正誤改

事君章第十七

次應感之後　正誤作感應非是

子曰君子之事上也　石臺本唐石經宋熙寧石刻岳本閩本監本毛本作君此本誤孝今改正

故上下能相親也　唐石經初刻作故上下能相親磨改增也字故此行十一字

而子人下也　此本脫子字依閩本監本毛本補

六曰君子之事親孝　此本六曰之間空闕一格非是

不敢作王言也　閩本監本毛本作作斥是也

王之職有缺　監本毛本缺作闕是也

尚書太誓云　閩本監本毛本太作泰案當作大王應麟困學紀聞云泰誓古文作大誓晁氏曰開

元間衛包定今文始作泰

匡正釋詁文也　案詁當作言

汝無面從是也　閩本監本毛本作面此本誤而今改正

無日蹔忘也　岳本蹔作暫案玉篇云蹔與暫同監本忘誤志

雖復有時離遠　閩本監本毛本作遠此本誤逺今改正

孝經注疏卷八挍勘記終

新建生員杜鰲挍

# 孝經注疏卷第九



邢昺注疏

## 喪親章第十八

〔疏〕正義曰此章首云孝子之喪親也故章中皆論喪親之事喪亡也失也父母之亡沒謂之喪親言孝子亡失其親也故以名章結之於末矣

子曰孝子之喪親也生事已畢死事未見故發此事哭不偯氣竭而息聲不委曲禮無容觸地無容言不文不爲文飾服美不安不安美飾故服縗麻聞樂不樂悲哀在心故不樂也食旨不甘旨美也不甘美味故疏食水飲此哀戚之情也謂上六句三日而食教民無以死傷生毀不滅性此聖人之政也不食三日哀毀過情滅性而死皆虧孝道故聖人制禮施教不令至於殞滅喪不過三年示民有終也三年之喪天下

達禮使不肖企及賢者俯從夫孝子有終身之
憂聖人以三年爲制者使人知有終竟之限也疏子曰至終也。
正義曰此夫子述喪親之義言孝子之喪親哭以氣竭而止
不有餘偯之聲舉措進退之禮無趨翔之容有事應言則言
不爲文飾服美不以爲安聞樂不以爲樂假食美味不以爲
甘此上六事皆哀感之情也三日而食者聖人設教無以親
死多日不食傷及生人雖即毁瘠不令至於殞滅性命此聖
人所制喪禮之政也又服喪不過三年示民有終畢之終也
○注生事至此事○正義曰此依鄭注也生事謂上十七章
說生事之禮已畢其死事經則未見故又發此章以言也○
注氣竭至委曲○正義曰此依鄭注也禮記間傳曰斬衰之
哭若往而不反齊衰之哭若往而反此注據斬衰而言之是
氣竭而後止息又曰大功之哭三曲而偯鄭注云三曲一舉
聲而三折也偯聲餘從容也是偯爲聲餘委曲也斬衰則不
偯故云聲不委曲也○注觸地無容○正義曰此禮記問喪
之文也以其悲哀在心故形變於外所以稽顙觸地無容哀
之至也○注不爲文飾○正義曰案喪服四制云三年之喪
君不言又云不言而事行者扶而起言而后事行者杖而起
鄭玄云扶而起謂天子諸侯也杖而起謂大夫士也今此經
云言不文則是謂臣下也雖則有言志在哀感不爲文飾也

○注不安至縗麻○正義曰案論語孔子責宰我云食夫稻衣夫錦於汝安乎美飾謂錦繡之類也故禮記問喪云身不安美是也孝子喪親心如斬截爲其不安美飾故聖人制禮令服縗麻當心麤布長六寸廣四寸麻爲腰經首經俱以麻爲之縗之言摧也經之言實也孝子服之明其心實摧痛也韋昭引書云成王既崩康王冕服即位既事畢反喪服據此則天子諸侯但位定初喪是皆服美故宜不安也○注悲哀至樂也○正義曰此依鄭注也言至痛中發悲哀在心雖聞樂聲不爲樂也○注旨美至水飲○正義曰旨美經傳常訓也嚴植之曰美食人之所甘孝子不以爲甘故問喪云口不甘味是不甘美味也間傳曰父母之喪既殯食粥既虞卒哭疏食水飲不食菜果是疏食水飲也韋昭引曲禮云有疾則飲酒食肉是爲食旨故宜不甘也○注不食至殞滅○正義曰經云三日而食毀不滅性注言不食三日即三日不食也云哀毀過情者是毀瘠過度也言三日不食及毀瘠過度因此二者有致危亡皆虧孝行之道禮記問喪云親始死傷腎乾肝焦肺水漿不入口三日又間傳稱斬衰三日不食此云三日而食者何劉炫言三日之後乃食皆謂滿三日則食也云故聖人制禮施教不令至於殞滅者曲禮云居喪之禮毀瘠不形又曰不勝喪乃比於不慈不孝是也○注三年至限

也○正義曰：云「三年之喪，天下達禮」者，此依鄭注也。禮記三年問云：「夫三年之喪，天下之達喪也。」鄭玄云：「達謂自天子至於庶人。」注與彼同，唯改喪爲禮耳。云「使不肖企及，賢者俯從」者，案喪服四制曰：「此喪之所以三年，賢者不得過，不肖者不得不及。」檀弓曰：「先王制禮也，過之者俯而就之，不至焉者跂而及之也。」注引彼二文，欲舉中爲節也。起踵曰企，俛首曰俯。云「夫孝子有終身之憂，聖人以三年爲制」者，聖人雖以三年爲文，其實二十五月而畢。故三年問云：「將由夫脩飾之君子與？則三年之喪，二十五月而畢，若駟之過隙，然而遂之，則是無窮也。故先王焉爲之立中制節，壹使足以成文理，則釋之矣。」是也。喪服四制曰：「始死，三日不怠，三月不解，期悲哀，三年憂，恩之殺也。」故孔子云：「子生三年，然後免於父母之懷。夫三年之喪，天下之達喪也。」所以喪必三年爲制也。

**爲之棺椁衣衾而舉之，**周尸爲棺，周棺爲椁。衣謂斂衣，衾被也。舉謂舉屍內於棺也。**陳其簠簋而哀慼之，**簠簋，祭器也。陳奠素器而不見親，故哀慼也。**擗踊哭泣，哀以送之，**男踊女擗，祖載送之。**卜其宅兆，而安措之，**宅，墓穴也。兆，塋域也。葬事大，故卜之。**爲之宗廟，**

以鬼享之立廟祔祖之後則以鬼禮享之春秋祭祀以時思之寒暑變移益用增感以時祭祀展其孝思也

疏為之至思之○正義曰此言送終之禮及三年之後宗廟祭祀之事也言孝子送終須為棺槨衣衾也大斂之時則用衾而舉尸內於棺中也陳設簠簋之奠而加哀慼葬則男踊女擗哭泣哀號以送之親既長依丘壟故卜選宅兆之地而安置之既葬之後則為宗廟以鬼神之禮享之三年之後感念於親春秋祭祀以時思之也○注周尸至棺也○正義曰云周尸為棺周棺為槨者此依鄭注也檀弓稱葬也者藏也藏也者欲人之弗得見也是故衣足以飾身棺周於衣槨周於棺土周於槨注約彼文故言周尸為棺周棺為槨也白虎通云棺之言完宜完密也槨之言廓謂開廓不使土侵棺也易繫辭曰古之葬者厚衣之以薪葬之中野不封不樹喪期無數後世聖人易之以棺槨案禮記云有虞氏瓦棺夏后氏堲周殷人棺槨周人牆置翣則虞夏之時棺槨之初也云衣謂斂衣衾被也舉謂舉屍內於棺也者此依孔傳也衣謂襲與大小斂之衣也衾謂單被覆尸為尸所用從初死至大斂凡三度加衣也一是襲也謂沐尸竟著衣也天子十二稱公九稱諸侯七稱大夫五稱士三稱襲皆有袍袍之上又有衣一通

朝祭之服謂之一稱二是小斂之衣也天子至士皆十九稱不復用袍衣皆有絮也三是大斂也天子百二十稱公九十稱諸侯七十稱大夫五十稱士三十稱衣皆襌袷也喪大記云布紟二衾君大夫士一也鄭玄云二衾者或覆之或薦之是舉屍所用也棺槨之數貴賤不同皇侃據檀弓以天子之棺四重謂水兕革棺杝棺一梓棺二最在内者水牛皮次外兕牛皮各厚三寸爲一重合厚六寸又有杝棺厚四寸謂之椑棺言漆之椑椑然前三物爲二重合一尺外又有梓棺厚六寸謂之屬棺言連屬内外就前四物爲三重合厚一尺六寸外又有梓棺厚八寸謂之大棺言其最大在衆棺之外就前五物爲四重合厚二尺四寸也上公去水牛皮則三重合厚二尺一寸也侯伯子男又去兕牛皮則二重合厚一尺八寸上大夫又去椑棺一重合厚一尺四寸下大夫亦一重但屬四寸大棺六寸合厚一尺士不重無屬唯大棺六寸庶人即棺四寸案檀弓云栢槨以端長六尺又喪大記曰君松槨大夫栢槨士雜木槨是也○注簠簋至感也○正義曰簠簋祭器也者周禮舍人職云凡祭祀供簠簋實之陳之是簠簋爲器也故鄭玄云方曰簠圓曰簋盛黍稷稻粱器云陳奠素器而不見親故哀慼也者下檀弓云奠以素器以生者有哀素之心也又案陳簠簋在衣衾之下哀以送之上舊説以爲

大歛祭是不見親故哀感也○注男踊至送之○正義曰案問喪云在牀曰尸在棺曰柩動尸舉柩哭踊無數惻怛之心痛疾之意悲哀志懣氣盛故袒而踊之婦人不宜袒故發胷擊心爵踊殷殷田田如壞牆然則是女質不宜極踊故以擗言之據此女既有踊則男亦有擗是互文也○云祖載送之者案既夕禮柩車遷祖質明設遷祖奠日側徹之乃載鄭注云乃舉柩郤下而載之又云商祝飾柩及陳器訖乃祖注云還柩鄉外爲行始又檀弓云曾子弔於負夏主人既祖鄭云祖謂移柩車去載處爲行始然則祖始也以生人將行而飲酒曰祖故柩車既載而設奠謂之祖奠是祖載送之之義也○注宅墓至卜之○正義曰云宅墓穴也兆塋域也者此依孔傳也案士喪禮筮宅鄭云宅葬居也詩云臨其穴惴惴其慄鄭云穴謂冢壙中也故云宅墓穴也案周禮冢人掌公墓之地辨其兆域則兆是塋域也云葬事大故卜之者此依鄭注也孔安國云恐其下有伏石漏水泉復爲市朝之地故卜之是也○注立廟至享之○正義曰立廟者即禮記祭法天子至士皆有宗廟云王立七廟曰考廟曰王考廟曰皇考廟曰顯考廟曰祖考廟皆月祭之遠廟爲祧有二祧享嘗乃止諸侯五廟曰考廟曰王考廟曰皇考廟皆月祭之顯考廟祖考廟享嘗乃止大夫立三廟曰考廟曰王考廟曰皇考廟享嘗

乃止適士二廟曰考廟曰王考廟享嘗乃止官師一廟曰考廟庶人無廟斯則立宗廟者爲能終於事親也舊解云宗尊也廟貌也言祭宗廟見先祖之尊貌也故祭義曰祭之日入室僾然必有見乎其位周還出戶愾然必有聞乎其歎息之聲是也祔謂以亡者之神祔之於祖也檀弓曰卒哭曰成事是日也以吉祭易喪祭明日祔於祖父則是卒哭之明日而祔未卒哭之前皆喪祭也既祔之後則以鬼禮享之然宗廟謂士以上則春秋祭祀兼於庶人也○注寒暑至思也○正義曰案祭義云霜露既降君子履之必有悽愴之心非其寒之謂也春雨露既濡君子履之必有怵惕之心如將見之是也

**生事愛敬死事哀感生民之本盡矣死生之義備矣孝子之事親終矣**愛敬哀感孝行之始終也備陳死生之義以盡孝子之情

〔疏〕生事至終矣○正義曰此合結生死之義言親生則孝子事之盡於愛敬親死則孝子事之盡於哀感生民之宗本盡矣死生之義理備矣孝子之事親終矣言十八章具載有此義○注愛敬至之情○正義曰云愛敬哀感孝行之終始也者愛敬是孝行之始也哀感是孝行之終也云備陳死生之義以盡孝子之情者言孝子之情無所不盡也

孝經注疏卷第九終





掌福建道監察御史武寧盧浙栞

孝經注疏卷九挍勘記　　阮元撰盧宣旬摘録

孝經注疏卷第九

喪親章第十八

故發此事　石臺本岳本事作章案正義曰說生事之禮已畢其死事經則未見故又發此章以言也此本作事非

哭不偯　釋文云偯俗作哀非說文作悠云痛聲也音同案臧鏞堂云說文無偯字哀從口衣聲依從人衣聲偯依聲形皆相近故誤陸氏本作依故云說文作悠音同又云俗作偯非以偯爲依之俗寫也今依既誤偯因改偯爲哀然必不當有作哭不哀者是可證哀爲偯之改偯爲依之譌矣

故服縗麻　釋文云縗字或作衰岳本同此正義本則作縗按縗正字衰假借字

故疏食水飲　石臺本岳本閩本監本疏作蔬

此哀戚之情也石臺本宋熙寧石刻岳本鄭注本戚作慼唐石經此處剜闕證以下文而哀慼之死事哀慼皆作感則此可知矣案說文作慽从心戚聲戚假借字慼俗字

毀不滅性石臺本唐石經宋熙寧石刻岳本閩本監本毛本作滅此本誤減今改正注同

皆哀慼之情也監本毛本慼改戚

示民有終畢之終也閩本監本毛本下終作限不誤

又曰大功之哭閩本監本毛本作又此本誤文今改正

又云不言而事行者閩本監本毛本事行誤倒

當心麄布長六寸監本毛本心作以麄作麤是也正義當上補縗字是也

𦄝爲腰經首經閩本經誤經下同正誤云爲當謂字誤是也

但位定初喪閩本監本毛本作定位是也

傷賢乾肝焦腑　閩本監本毛本賢作胥是也

將申天脩飾之君子與　閩本監本毛本申天作由夫是也

天下之達喪也　案今本論語作通

爲之棺椁衣衾而舉之　鄭注本作槨此正義本則作椁按椁正字槨俗字

舉謂舉屍內於棺也　岳本屍作尸按屍正字經傳多作尸同音假借也

而哀慼之　岳本慼作戚注同

擗踊哭泣　石臺本踊作踴注同李善注文選宋孝武宣貴妃誄引孝經曰擗踴哭泣

卜其宅兆而安措之　鄭注本作厝按儀禮士喪禮注孝經曰卜其宅兆而安厝之此正義本則作措字厝措義別而古多通用

爲之宗廟以鬼享之　釋文云享又作饗之石臺本作亯注同

布給二衾監本毛本給作紟是也

謂水兕革棺閩本監本毛本作革此本誤貰今改正

杝棺一閩本監本毛本作杝此本誤地今改正下同

次外兕生皮正誤生作牛是也

言漆之桱裡然監本毛本作髸髸

栢椁以端長六尺毛本作柏椁與檀弓合下同

是簠簋爲器也正誤爲下補祭字

盛黍稷稻粱監本毛本粱作粱是也

惻怛之心閩本監本毛本作怛此本誤但今改正

故祖而誦之閩本監本毛本祖作袒誦作踊是也

周禮家人 閩本監本毛本家作冢是也

諸侯五廟 正誤五上補立字是也

周還出戶 正誤云下脫肅然必有聞乎其容聲出戶而聽十三字

明日祔祖父 正誤祔下補於字

如將見之是之 閩本監本毛本下之作也

死事哀慼 岳毛慼作戚注同

死之義理備矣 正誤之上補生字是也

孝行之終始也者 案當作始終

孝經注疏卷九挍勘記終

新建生員杜鰲挍

傳古樓景印

# “四部要籍選刊”已出書目

| 序號 | 書名 | 底本 | 定價 / 圓 |
| --- | --- | --- | --- |
| 1 | 四書章句集注（3 册） | 清嘉慶吴氏刻本 | 150 |
| 2 | 阮刻周易兼義（3 册） | 清嘉慶阮元刻本 | 150 |
| 3 | 阮刻尚書注疏（4 册） | 清嘉慶阮元刻本 | 200 |
| 4 | 阮刻毛詩注疏（10 册） | 清嘉慶阮元刻本 | 500 |
| 5 | 阮刻禮記注疏（14 册） | 清嘉慶阮元刻本 | 700 |
| 6 | 阮刻春秋左傳注疏（14 册） | 清嘉慶阮元刻本 | 700 |
| 7 | 楚辭（2 册） | 清初毛氏汲古閣刻本 | 100 |
| 8 | 杜詩詳注（9 册） | 清康熙四十二年初刻本 | 450 |
| 9 | 文選（12 册） | 清嘉慶十四年胡克家影宋刻本 | 600 |
| 10 | 管子（3 册） | 明萬曆十年趙用賢刻本 | 150 |
| 11 | 墨子閒詁（3 册） | 清光緒毛上珍活字印本 | 150 |
| 12 | 李太白文集（8 册） | 清乾隆寶笏樓刻本 | 400 |
| 13 | 韓非子（2 册） | 清嘉慶二十三年吴鼒影宋刻本 | 98 |
| 14 | 荀子（3 册） | 清乾隆五十一年謝墉刻本 | 148 |
| 15 | 文心雕龍（1 册） | 清乾隆六年黄氏養素堂刻本 | 148 |
| 16 | 施注蘇詩（8 册） | 清康熙三十九年宋犖刻本 | 398 |
| 17 | 李長吉歌詩（典藏版）（1 册） | 顧起潛先生過録何義門批校清乾隆王氏寶笏樓刻本 | 198 |
| 18 | 阮刻毛詩注疏（典藏版）（6 册） | 清嘉慶阮元刻本 | 598 |

| 序號 | 書名 | 底本 | 定價 / 圓 |
|---|---|---|---|
| 19 | 阮刻春秋公羊傳注疏（5 册） | 清嘉慶阮元刻本 | 298 |
| 20 | 楚辭（典藏版）（1 册） | 清汲古閣刻本 | 148 |
| 21 | 阮刻儀禮注疏（8 册） | 清嘉慶阮元刻本 | 398 |
| 22 | 阮刻春秋穀梁傳注疏（3 册） | 清嘉慶阮元刻本 | 164 |
| 23 | 柳河東集（8 册） | 明三徑草堂本 | 398 |
| 24 | 阮刻爾雅注疏（3 册） | 清嘉慶阮元刻本 | 164 |
| 25 | 阮刻孝經注疏（1 册） | 清嘉慶阮元刻本 | 55 |

## 圖書在版編目（CIP）數據

阮刻孝經注疏 / （清）阮元校刻. -- 杭州 : 浙江大學出版社, 2021.5（2024.12 重印）
（四部要籍選刊 / 蔣鵬翔主編）
ISBN 978-7-308-21003-4

Ⅰ. ①阮… Ⅱ. ①阮… Ⅲ. ①家庭道德－中國－古代 ②《孝經》－注釋 Ⅳ. ① B823.1

中國版本圖書館 CIP 數據核字（2020）第 265834 號

**阮刻孝經注疏**
（清） 阮元 校刻

---

| | |
|---|---|
| 叢書策劃 | 陳志俊 |
| 叢書主編 | 蔣鵬翔 |
| 責任編輯 | 蔡　帆 |
| 責任校對 | 吴　慶 |
| 封面設計 | 温華莉 |
| 出版發行 | 浙江大學出版社<br>（杭州市天目山路 148 號　郵政編碼 310007）<br>（網址：http://www.zjupress.com） |
| 排　　版 | 杭州尚文盛致文化策劃有限公司 |
| 印　　刷 | 浙江海虹彩色印務有限公司 |
| 開　　本 | 850mm×1168mm 1/32 |
| 印　　張 | 7.5 |
| 字　　數 | 83 千 |
| 印　　數 | 1201—2000 |
| 版 印 次 | 2021 年 5 月第 1 版　2024 年 12 月第 2 次印刷 |
| 書　　號 | ISBN 978-7-308-21003-4 |
| 定　　價 | 55.00 圓 |

---




浙江大學出版社市場運營中心聯繫方式：(0571)88925591;http://zjdxcbs.tmall.com